集
刊

集人文社科之思　刊专业学术之声

集 刊 名：环境社会学
主　　编：陈阿江
副 主 编：陈　涛
主办单位：河海大学环境与社会研究中心
　　　　　河海大学社科处
　　　　　中国社会学会环境社会学专业委员会

ENVIRONMENTAL SOCIOLOGY RESEARCH No.2 2024

2024年第2期（总第6期）

集刊序列号：PIJ-2021-436

中国集刊网：www.jikan.com.cn/ 环境社会学

集刊投约稿平台：www.iedol.cn

2024 年第 2 期（总第 6 期）

陈阿江　主编

环境社会学

ENVIRONMENTAL
SOCIOLOGY
RESEARCH

No.2 2024

社会科学文献出版社

SOCIAL SCIENCES ACADEMIC PRESS (CHINA)

河海大学中央高校基本科研业务费"《环境社会学》（集刊）编辑与出版"（B230207043）

"十四五"江苏省重点学科河海大学社会学学科建设经费

卷首语

本期以"垃圾与废弃物处置"为主题。垃圾与废弃物是典型的现代社会的产物。与"有垃圾而无废弃物"的中国传统社会相比,现代社会发生了极大转型。大量在传统社会中备受珍惜的物品,在现代社会中的处置、流动及转化路径发生了变化,成为环境风险项。与此同时,新的物品被不断创造和大量生产,并进入社会生产和生活领域,超越了个体、家户处理的知识和技术能力,人们像传统小农一样在生产生活中做到物尽其用、物品循环使用已不可能。物质的丰裕、消费主义的盛行与现代化进程紧密伴随,公众对商品的大量购买、快速丢弃,不仅成为现代经济运行的重要环节,也成为一种普遍的生活方式和社会文化。如何消纳处置巨量的垃圾及废弃物,成为现代社会面临的复杂难题。虽然各级政府积极完善垃圾治理机制、构建废弃物循环利用体系,相关科技创新持续推进,但垃圾与废弃物的妥善处置仍然任重道远。本期聚焦垃圾与废弃物处置中的重要前沿议题,如核污水处置、生活垃圾治理、农村厕所改造、传统塑料及可降解塑料的回收与分类处置等,为加快形成合理高效、规范有序的垃圾与废弃物处置体系提供基础认知。

"环境观念、话语与行为"栏目下,《福岛核污水排海网民评论的语义推理分析》一文,基于日本福岛核污水排海这一重大环境事件发生后社交媒体中的网民评论,使用语义提炼方法和类型化方法,探究网络社区中网民的情绪、观点及行为取向等,分析网民群体非理性情绪的内在原因。《生态人类学视野下藏族社会的洁净观与废弃物处置利用研究》一文利用生态人类学的研究进路，考察在藏族社会洁净观念影响下的废弃物的处置利用问题。作者提出了藏族传统社会的废弃物处置利用有其合理性的重要观点。作者认为作为当地社群生存智慧的独特洁净观及废弃物认知，对于维护当地生态系统平衡具有重要意义，可为当下农村生活垃圾的现代治理提供有益启示。

"厕所改造与废弃物处置"栏目下的三篇论文围绕近年来农村广泛发生的厕所改造现象展开研究，关注其背后的环境影响、社会参与及厕所改造技术建构的社会属性。《"道在屎溺"：厕所变迁中的生态-社会叙事——基于对云村的考察》一文超越"卫生观"，将厕所看作生态与社会互动的中介，从代谢循环的角度评析厕所变迁前后的生态-社会互动状况。不同于嵌入农业生产的传统旱厕系统，改造后的厕所以生活功能为中心，生产功能被消解，屎溺被"一冲了之"，衍生了种种生态问题。该研究提出，厕所改造需要遵循生产-生活-生态的循环关系，将屎溺"变废为宝"，建当代的屎溺利用之道。《农民参与乡村环境治理：何以可能、何以可为？——以皖南 S 村厕所升级改造为例》一文通过深入乡村社区调查，从乡村社会内部及农民的视角还原农民环境参与行为发生发展的微观动态过程，回答农民参与环境治理"何以可能、何以可为"的问题。该研究认为，实现村民参与常态化，筑牢适宜农民参与的微观社会基础是关键，优化治理理念、推动治理结果呈现、保障村民参与的空间、增加本土小微环境治理技术供给等方面尤为重要。《"因地制宜"抑或"面子工程"——G 省河村户用厕所改造的技术建构过程》一文基于 G 省地方厕所改造实践中一种独特技术应用现象，即厕所改造表现为"表新里陈"的"面子工程"而非技术创新或"因地制宜"的技术改造，着重考察技术建构过程的社会属性。该研究提出，应重视技术满足人的愿望与需求的观点，厕所改造技术应用需要将人的主体性、社会环境的差异性等作为重点考虑的方面。

"人居环境及生活垃圾治理"栏目下，生活逻辑、互动治理、垃圾治理等是相关研究所涉及的主题词。《乡村生活方式研究的经验路径与政策定位——兼及人居环境建设的反思》一文强调从农民生活逻辑出发开展乡村生活方式研究的重要性，作者基于农民生活逻辑的不同层面构建具有包容性的理解乡村生活方式的框架：发掘乡村生活的自然底蕴；重视乡村生产的生活面向；追寻农民的生活动力。该研究认为，要避免乡村人居环境建设过程中行政思维及城市视角导致的生活方式变革、农民生活逻辑错位、农民生活秩序失调等问题，应立足乡村社会，重视作为生活主体的农民和乡村的基本场景。《现代性反思抑或传统文化遵从：我国城市居民的垃圾分类减量偏好及阶层差异特征分析》一文综合潜在类别分析和多重对应分析，基于 CGSS 2013 调查数据，从社会实践视角探讨我国城市居民垃圾分类减量偏好类型及其社会阶层差异。作者从"传统性－现代性"的维度提出关于垃圾分类减量实践阶层差异的现代性反思假设，作为消费需求层次理论和后物质主义价值理论的补充，为进一步探讨遵从传统型的垃圾分类减量实践提供新的分析框架。《互动治理视角下农村生活垃圾治理的实践困境与原因》一文所关注的核心问题是哪些因素导致了农村垃圾治理的"失灵受阻"。作者基于一个农村垃圾治理的案例展开分析，发现这一问题本质上是"互动治理失灵"：政府在自上而下推进治理的过程中因上下级政府之间以及政府与村庄之间治理图像认知偏差、治理工具与当地社会发展不匹配、治理权责配置不合理，治理行动难以做到植根于农民的日常生活之中并持续发挥作用。

"塑料回收及分类处置"栏目下，《塑料资源回收处理的循环体系构建——中日塑料瓶处理的比较研究》一文以中日两国塑料瓶回收处理实践为切入点，对中日塑料瓶再生利用的法律制度体系、回收方式与责任分担、实际再生利用现状等分别进行对比和讨论，为我国建立可持续的塑料回收处理体系、推动塑料循环经济体系的成功转型提供参考。《"变宝为废"：可降解塑料政策实践中的问题及成因分析——以 N 市可降解塑料袋处置为例》一文所关心的核心问题是可降解塑料替代传统塑料的政策实践，为何在环保效应方面没有达到政策预期，反而衍生出非预期性环境后果。作者研究发现，政策环境变化但政策内容没有做到"因时制宜"的调整导致政策适应性偏移，以及可降解塑料独特的降解条件被忽视及处置系统不匹配是两个重要原因。基于该研究，作者提出，包括可降解塑料技术在内的先进技术推广需要有适宜的社会基础，否则可能导致"变宝为废"的结果。

环境社会学

2024 年第 2 期（总第 6 期）

2024 年 9 月出版

· 塑料回收及分类处置 ·

福岛核污水排海网民评论的语义推理分析[*]

顾金土　祁宇帆[**]

摘　要：福岛核污水排海作为近年来最为重大的环境事件，在网络平台引发热议。本研究通过搜集公众在新浪微博、知乎、豆瓣、百度贴吧等4个社交媒体上关于日本排放核污水事件的评论，挖掘和梳理其中所表现出的认知推理特点与情绪表达方式，借助语义提炼方法和类型化分析探究舆情事件中网络社群观点的弥散方式与集聚倾向。研究发现，80%的网络评论没有提供实质信息或有效推论，不具备广泛传播的特征。具备有效传播特征的评论对环境事件的溯因推理多将国家主体作为分析对象，对专业要素表现拒斥，整体呈现政治主体越位、科技主体缺位的特点。评论文本中的逻辑推理特点是，将环境事件作为中介变量，聚焦政治行为、经济效益、社会健康等维度，由此演化出六种因果推断路径。在直接后果型文本中，具有行动意向的评论容易发生情绪扩散和观点集聚，从而引发群体性焦虑和抗争行为，理应成为舆情治理的重点。网络评论的影响力与平台、物理事实紧密相关。

关键词：核污水　网络评论　语义推理　舆情治理

一　引言

核电曾经被认为拥有"核燃料储藏充足、温室气体排放小、经济

* 本研究是河海大学中央高校基本业务费"'山水林田湖草沙'的生态治理研究"（项目编号：B230207032）的阶段性成果。感谢何宇、马莉在数据处理过程中的协助！
** 顾金土，河海大学社会学系、环境与社会研究中心教授，研究方向为环境社会学、社区建设、生态素质教育；祁宇帆，河海大学社会学系硕士研究生，研究方向为环境社会学、教育社会学。

效益高”等优点，一度成为绿色能源的重要组成部分。[①] 也有学者担心核电企业的安全性和核废料的后续处理成本。[②] 2011年的日本福岛核电事故导致周围30公里范围成为无人区，约20万难民无家可归[③]，成为继美国的三哩岛核电事故（1979年）、苏联的切尔诺贝利核电事故（1986年）之后又一影响深远的核辐射泄漏事件。该事故源源不断产生的核污水成为日本政府及东电公司挥之不去的魔咒。2021年4月13日，日本政府正式宣布，计划用30年将福岛第一核电站的核污染水（以下简称“核污水”）经过滤并稀释后通过一条一公里长的管道排入太平洋，而过滤后留下的高放射性废弃物则依然在陆地上保存。为此，学术界从行政决策、国际法、国际关系、环境科学、生态科学等角度论述了日本排放核污水的性质及影响。[④] 日本《朝日新闻》等五家主流媒体在随后3个月共发布相关报道425篇，其中：反对态度占51%，中立态度占28%，赞成态度占21%。[⑤] 可见，日本国内的反对声音已经超过了半数。国际社会的反对声音更为强烈。在现今的网络平台，因热点爆发出的公众评论越来越多，选边站队、极端化言论时有发生。网络平台上的非理性评论不仅会影响公众的意见和倾向，甚至还会引导社会走向极端化的对立，[⑥] 给舆情治理带来困境。由于公众缺乏全面专业的核安全知识，对发展核电的抵触情绪更多来自主观判断而不是科学依据。[⑦] 那么，应该如何看待公众关于核污水排放事件的评论？他们采用

---

① 史永谦：《核能发电的优点及世界核电发展动向》，《能源工程》2007年第1期。

② 余少祥：《我国核电发展的现状、问题与对策建议》，《华北电力大学学报》（社会科学版）2020年第5期。

③ 邱志超、刘宏帅：《福岛核事故对核电安全设计的启示》，《科技视界》2020年第9期。

④ 张诗奡：《福岛核污水排放方案的国际法问题——基于放射性废物处置视角的考察》，《日本学刊》2022年第6期；陈涛、周益：《从体用分离到体用合一——日本核污水排海折射的全球环境治理危机与出路》，《探索与争鸣》2023年第11期。

⑤ 王京滨、李扬、吴远泉：《日本环境外交的历史演进与决策体制——兼论福岛核污水排放问题》，《日本学刊》2022年第3期。

⑥ 桑斯坦：《网络社会中的民主问题》，黄维明译，上海：上海人民出版社，2003年。

⑦ 王彦哲、周胜、王宇、秦旭映、陈福冰、欧训民：《中国核电和其他电力技术环境影响综合评价》，《清华大学学报》（自然科学版）2021年第4期。

的判断依据是什么？遵循的推理方式是什么？

　　关于网络评论，国内外已经有一些较为成熟的研究。中文世界已经有不少网络讨论平台，如微博、微信、QQ 聊天、BBS 论坛、Blog（博客）、MSN 等。公众在网络平台表达观点是环境公共参与的重要形式。[①] 国际著名学者 Susan Herring 研究了网络聊天、BBS、博客等不同沟通平台中的言语特点。[②] 网络评论呈现的特点是：知识源的分散性、证据推理的多样性和信息、知识的融合性。[③] 网络评论文本研究主要是进行主题分析、词频分析、语义网络分析及情感分析等。[④] 进一步，也有学者开始研究含义间的关系，识别语义链是否属于增强型推理或者递进型推理。[⑤] 当前，人工智能技术深刻影响网络世界的运行。目前主流观点是，人工智能发展仍然存在有限性和受控性问题，也就是，机器学习本身无法解决"学习什么问题"的问题，它只负责听命于人类，执行人类的指令。[⑥] 当然，人工智能确实产生了假新闻和删除热帖的功能。[⑦] 本文重点是对网络评论进行语义推理分析。网络评论是人类在网络世界中的沟通语言，用来表达含义、传播观点。语义学分析往往涉及语料、语法结构、上下文、语境、行为倾向、溯因推理等因素。当然，并非所有网络评论都值得进行语义学分析。如果网

① 曹海林、赖慧苏：《公众环境参与：类型、研究议题及展望》，《中国人口·资源与环境》2021 年第 7 期。

② 冉永平：《语用学传统议题的深入，新兴议题的不断拓展——第十届国际语用学研讨会述评》，《外语教学》2007 年第 6 期。

③ 郭韧、陈福集、程小刚：《基于证据推理的网络舆情知识动态匹配》，《情报学报》2017 年第 12 期。

④ 代一方：《基于微博数据的人工智能网络舆情分析——以 ChatGPT 话题为例》，《传播与版权》2023 年第 21 期；陈婉良、王吉：《大众视野中的 ChatGPT——基于 B 站评论数据的形象感知结果分析》，《视听》2023 年第 11 期。

⑤ 任薇、阮淇昱、韩孟凯、邱玉辉：《一种基于语义推理的网络社区发现模型》，《西南大学学报》（自然科学版）2022 年第 9 期。

⑥ 刘永谋、王春丽：《智能时代的人机关系：走向技术控制的选择论》，《全球传媒学刊》2023 年第 3 期。

⑦ 郜彦君、许开轶：《重塑与介入：人工智能技术对国际权力结构的影响作用探析》，《世界经济与政治论坛》2023 年第 1 期；王强：《人工智能新变革及其社会影响》，《中国社会科学报》2024 年 1 月 3 日。

络评论只是情绪表达，而没有实质内容，则本文将其视为无效评论；如果网络评论只是简单呼吁，没有蕴含因果推理逻辑，则本文也将其视为无效评论。

在剩下看似有实质内容的网络评论中，笔者也担心是否存在大量由 AI 编制创作的网络文本。因为语言已经不是人类独有的工具，人工智能技术已经达到以假乱真的程度。如果大量评论是由人工智能创作的，那由此获得的分析对象就是一堆机器语言，而不是社会主体的意志表达。那么，如何看待和区分是真实个体（网民）的评论还是人工智能的评论呢？如何准确理解评论的真实意图？是否存在正话反说的情形？网民通过平台进行意见表达，人工智能根据算法也可以通过平台表达观点。但是，算法的操控者还是实体自然人。如果人工智能脱离人的控制拥有独立的意志，那将是另一种情景，但这种情况不太可能出现。问题是，是否有区分二者之必要？在文本内容分析者看来，认定有效文本的依据是"文本是否清楚表达意义"①。即使 AI 可以组合出新的文字组合，但没有新增态度，它还是在人类的语言世界中活动，运用人类能够认知的语言、文字。AI 只有在人类的世界中发挥功能才会被人类世界所接受。持赞成态度的 AI 评论，只不过是多一份赞成的评论文本；持反对态度的 AI 评论，也只是真实个体通过人工智能（AI）表达意见而已。人工智能作为一个操控工具，是一种带有立场的语言表达工具，是有特定意向主体的表意行为，它所展示的是单一倾向的观点。由于重复的话语、论据，我们只记录一次，因此，即使是人工智能评论，同质的多条记录也只是算作一条有效数据。即使是机器自主生成的语言，如果不符合人类语义表达方式，也不会被认可是有效样本。目前来看，人工智能技术以删帖为主，没有明显的美化和灌水行为。

准确研判网络评论的性质是舆情有效治理的基础。舆情监管部门

---

① 杨慧：《社会科学研究中的政策文本分析：方法论与方法》，《社会科学》2023 年第 12 期。

兼顾公民网络言论自由的权利和网络舆情得到依法监管之间的平衡，把监管重心放在网络舆情的失真行为与博弈行为。① 也有学者主张，要通过技术手段的革新来识别敏感信息和人群，继而为监管减负，但是这类研究忽视了网络空间内社群内部的互动特点与网民评论行为的逻辑过程。② 本研究以日本排放核污水事件为例，分析公众在网络平台中出现群体非理性情绪的内在原因，通过语义提炼和因果链拆分的方法对网民评论文本进行剖析，从而帮助舆情监管缩小"强管控"范围，提早感知舆情事件中的关键节点与极端人群，具体表现在三个方面。一是剖析各大网络平台言论的理性程度，从客观性、科学性和逻辑性三个层面展现网民的认知推理特点；二是梳理网民在网络平台言论中的情绪表达方式及特点；三是从建议政府行动、呼吁公众行动和声明自我抉择三个层面，梳理网民的行动取向。本研究的意义在于：一是分析公众对于危害公共环境事件表达意见的方式及特点，展现网民参与公共环境事务过程中表达的情绪、观点、意志及行为取向；二是在环境社会学研究方法上打破定性研究和定量研究之间的割裂，将定性研究的话语分析和定量研究的统计分析结合起来，从整体上分析公众关于公共事件的评论意见，为处于信息时代的当代社会提供正确认识和对待网络舆情的基础知识。

二　数据采集、预处理及总体分析

（一）数据采集

本文选择新浪微博、知乎、豆瓣、百度贴吧等 4 个社交媒体作为数据采集平台，使用 Python 爬虫程序爬取"日本排放核污水""日本排放

①　李志、王倩颖：《中国互联网 30 年：网络舆情监管的实践变迁》，《社会科学家》2023 年第 12 期。

②　王慧军、石岩、胡明礼、胡振鹏：《舆情热度的最优监控问题研究》，《情报杂志》2012 年第 1 期。

核废水"等相关话题下的平台互动数据。采集时间区间是 2022 年 7 月 22 日[①]至 2023 年 12 月 6 日。采集的数据信息为话题下直接评论的文本内容、用户昵称、用户 ID、评论时间和点赞量、转发量等。采集后的评论文本总数为 2547 条，其中：新浪微博 1272 条（占 49.94%）、知乎 725 条（占 28.46%）、豆瓣 494 条（占 19.40%）、百度贴吧 56 条（占 2.20%）。由于本文所研究的"评论文本"是基于对"日本排放核污水""日本排放核废水"的事件评论，并不涉及网友针对某一具体的文本的互动与争辩，所以对于"评论文本"发布后的讨论文本并不予采集。至此，通过软件程序进行全域采集后，所收集到的评论文本总字数合计约为 22.1 万字。

（二）数据预处理

在获得初始文本后，首先，笔者对无效评论进行识别并删除，主要涉及两类评论文本：一是与"日本排放核污水"无关的评论文本，二是虽有这个关键词但没有实际内容、观点和情感表达的评论文本。其次，清理评论文本中的停用词（stop words）。[②] 因为这些词会占据大量的存储空间，影响搜索效率和文本处理效果。[③] 笔者将 GooSeeker 停用词库和百度停用词库进行合并，并对采集的评论文本进行剔除。再次，将评论文本拆分成若干短句（只包含一个主体、一个观点或事件、一层关系）。在对数据进行多次清洗后，笔者对评论文本中包含的事实陈述或观点表达进行一一梳理，并采用短句的方式进行序列化处理。排序原则是时间先后或者逻辑关系，覆盖顺承、并列、因果、递进等关系。

---

① 2022 年 7 月 22 日，日本原子能规制委员会正式批准东京电力公司有关福岛第一核电站事故核污染水排海计划。

② 停用词是指在文本中频繁出现的、对文本含义分析没有太大贡献的功能词或无实际意义的词语，如啊、阿、唉、吧等。它们会占据大量的存储空间和计算资源，在文本预处理过程中需忽略或删除（白沛沅、夏一雪、杨雨光、张双狮：《基于诉求词典的突发事件情报感知与实证研究》，《情报杂志》2022 年第 9 期）。

③ 白沛沅、夏一雪、杨雨光、张双狮：《基于诉求词典的突发事件情报感知与实证研究》，《情报杂志》2022 年第 9 期。

由于所采集的评论文本是对"日本排放核污水"这一焦点事件所做出的回应与表达，所以短句的甄别与排序实质上是对网友评论背后的因果推断逻辑的梳理。即便是顺承、转折、并列关系的语句，从焦点事件和"评论文本"关系维度上看，依旧是因与果的关系。最后，精简短句。鉴于分析的复杂程度和信息表达的效率，笔者将每一个评论文本拆分后的短句总数控制在四个。如果评论文本拆分的短句超过四个，则根据短句信息的新颖性、合理性来判断短句的重要程度，然后保留最重要的四个短句。筛选出的短句以遵循因果逻辑链为原则，会对因语法表达而呈现的倒装等语序进行调整，但是并不改变短句序列中前因或后果的位置与角色。

（三）评论文本的总体分析

经过数据预处理后，笔者剔除了约八成的评论文本，留下有效评论文本 543 条，占原来总数的 21.32%。这些评论文本共有 7.3 万字，占原来总字数的 33.03%。每条有效文本的平均字数为 134 字，远远高于无效文本平均字数的 74 字。在有效文本中，新浪微博有 229 条，占 42.17%；知乎有 194 条，占 35.73%；豆瓣有 98 条，占 18.05%；百度贴吧有 22 条，占 4.05%。下一步，笔者需要围绕焦点事件进行因果关联分析。"评论文本"从语境延展层面上看，本身就属于焦点事件的结果性事实。所以，无论"评论文本"是单纯的情感阐发还是逻辑性的思维推理，只要是与焦点事件相关联，就会与焦点事件形成时间上的先后和逻辑上的因果关系。因为焦点事件短句的位置不同，所以会产生不同类型的因果关联。因此，笔者将所有评论进行了类别定义：当焦点事件处于第一个短句时，若只存在一个后果短句，则为直接后果型文本；若存在 2~3 个后果短句，则为间接后果型文本；当焦点事件处于第二个短句、第三个短句、第四个短句时，如果焦点事件短句为最后位置的短句，则为溯因推理型文本，否则，焦点事件短句就处于中间位置，就是前因后果型文本。这样，所有文本划分为四种类型：溯因推理型文本有 43 条；前因后果型文本有 21 条；直接后果型文本有 220 条；间接后果型文本有 259 条。它们分别占评论文本总量的 7.92%、3.87%、40.52%、47.70%。总体来看，有意识进行原因分析的网民只占 11.79%，有意识关注后果分析的网民占 88.22%（见表 1）。这也符合人们平时的思维习惯。做原因探究的主要是来自知乎的用户，在溯因推理型中，知乎占83.71%，在前因后果型中，知乎占 57.14%。数据清洗结果符合情报学、传播学相关研究的结论，即以知乎为代表的论坛社区中交互周期长、热度强的评论文本占比高，以微博为代表的在线社交网络呈现较明显的强阵发性、弱记忆性的特征。[①]

表 1　四种类型评论文本的数量分布与影响力统计

文本类型	数量分布		每条平均字数（字）	文本影响力（单条平均）		
	数量（条）	占比（%）		点赞（次）	收藏/转发（次）	评论（次）
溯因推理型	43	7.92	113	797	54	72
前因后果型	21	3.87	124	20	9	11
直接后果型	220	40.52	86	194	25	17
间接后果型	259	47.70	111	342	43	56

　　总体来看，前因后果型文本的每条平均字数最多，其次是溯因推理型文本，再次是间接后果型文本，直接后果型文本最少（见表 1）。从文本影响力来看，溯因推理型文本的单条平均影响力最大，其次是间接后果型，再次是直接后果型，最后是前因后果型。这与目前网络环境下短平快的互动模式有一定关联。勾连历史、政治因素的溯因推理型文本具有较为明显的煽动性和共情效果。间接后果型由于在有限的字符里边阐述较多的后果，切中网民共情的机会较大，因此，其影响力也比较大。直接后果型文本涉及因素较少，字节偏少，因此，影响力更小。前因后果型文本虽然看起来似乎更为理性、周全，但囿于文字容量，无法

---

① 刘海鸥、刘旭、姚苏梅、谢姝琳：《基于舆情画像的在线社交用户信息传播特征统计分析》，《现代情报》2019 年第 9 期。

完整、准确阐发观点，与短平快的平台节奏不相吻合，因此，其整体影响力最弱。

三 溯因推理型文本分析

带有敏感性的舆情信息传播扩散速度快、范围广，在引导处置时涉及大规模群体，处理起来比较复杂，但是可以通过溯源分析来防范结构性风险。[①] 因此，舆情治理需要考虑网络虚拟社区中的各主体参与过程和影响因素。由于评论主体具有不同的社会属性和自身立场，且事件的影响因素间也会产生相互作用，因此需要对网民所发表的评论进行溯因和归纳，从而厘清风险的生发机制。溯因推理型文本共有 43 条，涉及 55 条前因短句。对前因短句进行归并分析后得到的结果如表 2 所示。频次较多的 4 类归因短句为"以美国为代表的西方支持日本排放核污水""国际原子能组织同意排放核污水""日本排放核污水是基于经济考量""日本排放的废水是干净环保的"。这些归因内容主要涉及国际局势、经济理性、技术安全三个维度，与新闻媒体的常见视角和价值观一致。可见，网民评论深受媒体影响。"日本排放的废水是干净环保的"是日本官方一直坚持的说法，但是，多数网民并不认同这样的声明和解释。日本应急管理部门和东电公司曾声明，之所以选择核污水排海而非建设更多储水罐，是因为考虑到福岛核电站本身位于地震带，在地震带上储存越来越多的核污水，反而会引发更大风险。[②] 但是，网民几乎忽略这个说法，反而更愿意相信"日本因受限于国土面积而无法继续储存"这样的归因，一定程度上反映了日本政府公信力的缺失。此外，还有类似于"日本政府服务于医药综合体"的归因内容。虽然

---

① 刘于嘉：《城市超大型社区网络舆情事件的结构因果关系考察——以贵阳市花果园社区为例》，《贵阳市委党校学报》2021 年第 5 期。

② 2024 年 1 月 1 日，日本本州西岸近海的 7.4 级地震，影响了周边的核电设施，也印证日本政府的说法具有一定的科学依据。

在评论文本中缺乏事实佐证，但是网民更愿意通过情感立场和主观推断来表达理解与认同。溯因推理型评论文本整体反映出网民对核污水排海事件的归因主要聚焦在国家层次，对于专业领域的技术要素关注较少，缺少阐述和论证。

表 2　溯因推理型评论文本逻辑短句归类统计

序号	归因文本	条数（条）	文本影响力		
			点赞（次）	收藏/转发（次）	评论（次）
1	以美国为代表的西方支持日本排放核污水	17	23439	1104	1843
2	国际原子能组织同意排放核污水	9	4923	133	754
3	日本排放核污水是基于经济考量	7	1868	182	184
4	日本排放的废水是干净环保的	4	1693	100	132
5	日本故意混淆核污水、核废水概念	3	1021	423	141
6	日本因受限于国土面积而无法继续储存	3	986	259	159

根据前因短句的数量，溯因推理型评论文本可以分为单因素、双因素和三因素三个类别。通过对三类文本的主要归因点、平台分布情况和文本影响力进行统计，结果如表 3 所示。从表 3 中可以看出，知乎平台的用户评论不仅偏爱溯因分析，而且擅长多个逻辑点的连续推理；其他三个平台的评论文本在溯因推理方面的特点则不太明显。从文本影响力来看，三因素单条点赞量为 2786 次，远超单因素文本的平均点赞量（851 次）。这也说明，虽然单因素简单且易发表，在小范围内也更容易被响应，但是拥有更长逻辑链条的三因素更容易被广泛认同。从主要归因点来看，单因素推理文本传播范围较广，归因维度简单清晰，以空间上横向比较为主，少有时间上的纵贯比较。双因素推理文本的归因点往往具有内在关联，多以政治和经济维度为主；三因素推理文本的样本数量很少，只有 2 条，呈现的是较高层次的抽象分析，如经济理性、美国支持、历史比较等维度。

表 3　溯因推理型评论文本推理特点分析统计

类别	主要归因点	平台文本分布情况（条）				文本影响力		
		微博	知乎	豆瓣	贴吧	点赞（次）	收藏/转发（次）	评论（条）
单因素	经济理性、技术受限、美国支持等	4	28	1	0	28091	2278	2308
双因素	经济理性、技术受限、美国支持、政商联盟、本国优先等	1	7	0	0	603	154	198
三因素	经济理性、美国支持、历史比较等	0	1	0	1	5571	233	719

通过对可溯源评论文本的归纳，笔者发现，在该环境事件的评论中，以国际政治因素为主，国内影响因素较少；各平台的该类评论文本往往影响力较大，网民群体认可度较高，所以要警惕民粹主义和对立煽动，避免超越理性探讨与客观研判。

四　前因后果型文本分析

前因后果型文本意味着焦点短句——"日本排放核污水"在短句序列中处于中间位置。它既有前因短句，也有后果短句，构成一条明确的短句因果链。通过对前因短句和后果短句的筛除和归类，21 条文本可以归纳为七种类型的短句因果链（见表 4）。在整理归纳后发现，部分短句逻辑链有两大基本特征：一是行为主体对等，二是因果维度相同。行为主体对等体现在国家行为作为致因条件时，其后果的发生往往也是以国家层面作为主体。例如，以"以美国为代表的西方默许或认可""日本技术受限无法保存核污水"作为致因条件时，其行为主体是国家层面的，即"美国为代表的西方"和"日本"，其相对应的后果短句也是以国家作为行为主体进行的"反对"和"质疑"。因果维度相同指前因短句如果隶属于政治维度下的行为，那么后果短句往往也会聚焦在政治维度。例如，"他国有排放核污水的先例和传统"是一种政治失责传统，最终的后果也会导致各国在政治责任上的推诿和懈怠。符合这两个基本特征的文本往往影响力较大且涉及的文本数量较多。这是因为行为主体对等、思维推理直接，容易被浏览者理解和认同。与之相反的文本则出现主体扩散和维度转移的特征。主体扩散是指以较低层次的行为主体引发更大范围、更高层次的行为主体，例如日本政府决策者的目光短浅导致全人类的生命健康安全受到威胁。前因短句中的主体是日本政府的决策者，后果短句中的行为主体则变为全人类。维度转移是指经济、政治维度的前因导致其他维度的后果，例如，前因是"日本直接排放经济成本合适"，后果是"遭到国际社会普遍批评"。主体扩散和维度转移的文本在网络平台中的影响力不大，这主要是因为在简要评论过程中，既要解释归因又要阐释结果，还要发生思维的推理，导致因果论证不够严密，从而很难获得浏览者的认同。

表4　前因后果型评论文本逻辑短句归类统计

序号	前因短句	文本数量（条）	后果短句	文本影响力		
				点赞（次）	收藏/转发（次）	评论（条）
1	以美国为代表的西方默许或认可	6	亚洲周边国家反对，周边人民利益受损	419	174	136
2	日本技术受限无法保存核污水	4	各国质疑日本此前就一直偷排核污水	302	109	108
3	他国有排放核污水的先例和传统	3	各国渐渐都不再承担国际责任	118	46	36
4	东电公司仓储已经超过最高承载	2	周边国家质疑真实性	86	17	62
5	东电公司要进行海洋核试验	2	水循环和海洋生态遭到破坏	80	11	13

续表

序号	前因短句	文本数量（条）	后果短句	文本影响力		
				点赞（次）	收藏/转发（次）	评论（条）
6	日本直接排放经济成本合适	2	遭到国际社会普遍批评	77	32	17
7	日本决策者目光短浅	2	长久来看影响全人类生命健康安全	76	14	12

在前因后果型文本中，将前因短句与后果短句进行归类和匹配后，可以看出，网民在分析焦点事件时所采用的因果链条维度特征（详见表5）。不难发现，网民评论的前因短句和后果短句都集中在经济、政治、社会三个维度。前因和后果之间存在六种组合方式，而焦点事件是处于中间的诱发因素，起到放大和转嫁的作用。经济维度的因素主要聚焦在日本处理核污水的经济效益和技术成本，政治维度的因素着力于解读日本政府及其内部政治团体的利益诉求，社会维度的因素则主要落脚在人民生命健康和社会稳定。通过对因果逻辑链的维度透视，我们可以发现，网民在逻辑推理过程中，处理核污水的经济损失可能会导致全球政治的消极后果，也可能有第二条逻辑——社会因素，也就是影响周边人民的生命健康安全。如果在政治上进行归因，那么焦点事件的中介作用就导致周边国家和人民经济利益受损的经济后果，或者他们的健康遭受威胁的社会后果。前因短句中也有社会因素，如日本本国人民和周边国家民众的抗争行动，通过焦点事件的中介作用，将导致日本政府的政治信誉丧失，或者全世界人民共同为焦点事件买单的经济后果。

表5　前因后果型文本因果逻辑链维度透视

序号	逻辑链维度	代表性文本
1	经济-环境-政治	近日，日本政府这种为省钱、图省事，把经济理想放在第一位的资本主义做法，这种出于一己之利将130万吨核污水"一排了之"的行为，结果就是将世界各国尤其是亚洲各国的政治精力转到这里，然后创造聚光灯下的日本

续表

序号	逻辑链维度	代表性文本
2	经济-环境-社会	建造的储存核污水的仓库会越来越满，同时日本政府也要拿出更多的资金来保证储存仓库的安全，这终究不是一个解决办法。我粗浅地认为日本政府应当分散这些核污水，万物都是有辐射的，动物、植物、人、原子都带有辐射，那对世界来说都不是一件好事情
3	政治-环境-经济	日本执意要把核污水排入大海，时间定为 2023 年。美国是支持日本这么做的……恶意满满，有权势有钱的他们可以用技术和金钱买到安全的饮用水，但大部分普通人怎么办？空耗着自己的钱包来存活……
4	政治-环境-社会	日本排放核污水是非常严重的问题，谁都知道岸田是在为医药综合体服务，我们被各种疾病折磨得已经够痛苦的了，他们在开心地发财数钱，他们极度贪婪无耻，最后会发展到什么程度？难道我们要天天吃药维持生命吗
5	社会-环境-经济	多半是日本现在核辐射患病的人太多，日本政府现在撑不住压力了，要往外面排。但是有一说一，你日本人的命是命，我们其他国家人民的命不是命？我们周边国家要花多少钱才能给你们擦好屁股
6	社会-环境-政治	日本政府看似是为了给日本受辐射人民一个交代，实际上只会导致内外交困，国内环保团体必定会在大选的时候给岸田一点颜色，国外诸国制裁，他入常的春秋大梦也没了

综上可以发现，重大环境议题往往引发政治、经济、社会维度问题的相互连带。有些评论是基于客观事实或者历史条件，通过对经济主体和政治主体的行为推想来实现合理的推测，最终落脚点往往是经济后果或者社会后果。也有些评论是基于个体主观的感受、臆测，罔顾基本的客观事实，武断地将政治、经济或者社会与环境事件相关联，其实质是夹带个人的主观愿望，希望借此机会进行情感宣泄。因此，网络评论虽然可以借助热点事件和社会情绪，获得广泛的公众关注，但是由于其忽视环境问题的技术属性和专业要素，很容易成为昙花一现的言语行动。只有基于专业要素、技术考量并结合环境事件，网民关于环境事件的观点、呼吁才能真正为公众内化地接受。

五　直接后果型文本分析

直接后果型文本总共有 220 条。其中有 45.45% 的评论提及了自身的行为意向。言语中的意向可以理解为一种伴随且独立的心理事件或状态。① 评论中展现的行为意向可以分为"呼吁公众行动""建议政府行动"和"表明自身行动"三种类型。它们在直接后果型的总数中各占 11.82%、7.73% 和 25.91%（见表6）。"呼吁公众行动"以抵制日货、不吃日料为主要内容，表达出强烈的对日情感抗争。"建议政府行动"这类表达虽然不多，但是异质性明显，既有希望"政府进行经济制裁和反制"的冲突性建议，也有表达"他国可以共同排放核污水"的放纵性言论。"表明自身行动"主要体现在"不买日货、不去旅游、不吃海鲜"等。多数网民在表明自身行动的同时，也存在愤懑、诅咒、仇视的语言表达，以及无奈。可以看出，网民评论的意向表达较少提出科技知识、专业技能方面的疑惑、需求，而是以对抗性的抵制与仇视为主。这也体现了网络媒介在情绪扩散和观点集聚上的作用与特点。

表 6　直接后果型文本中的行为意向类分析

单位：条，%

行为意向类型	条数	占总数比例	代表性文本
呼吁公众行动	26	11.82	我们一起顶顶热度，要坚持抵制日货，而不是越到后面越消极，大家共同发声，不做冷漠的看客
建议政府行动	17	7.73	建议对日本进行经济制裁！该禁就禁，不要让渔民、渔商、消费者受害
表明自身行动	57	25.91	我自己未来肯定是不愿意再吃海鲜了！ 我个人以后不会再用日产用品了

---

① 伦纳德·泰尔米：《认知语义学（卷1）》，李福印等译，北京：北京大学出版社，2017年，第480页。

直接后果型评论中还有 54.55% 的文本并没有表达出明确的行为意向，而是一种自我推理判断和情感表达。评论文本的推断结果主要聚焦在对日本排放核污水可能带来的政治、经济、社会和生态影响。它们均默认了一个前置条件，即"日本排放核污水并不安全，会严重影响生态环境"。与推断结果相伴随的就是谴责、愤怒、质疑、苦恼、担忧、无奈等六种情绪（见表 7）。由于网民公认"日本排放核污水"是对人类公有环境的一种破坏，因此，也就不难理解为什么"谴责""愤怒"会成为主流的情感表达。除去对焦点事件本身的评价之外，还有相当数量的网民基于自身生活遭受的影响，从而表达出复杂的情感。无论是由"日料店关门"而导致饮食变化，还是"日产化妆品受限制"的消费更替，本质上都是一种由环境焦虑导致的延伸恐慌。在这种心理主导下，似乎地域成为环境事件隔绝的首要因素，只要排除所在地域的一切，即可暂时安然自保，但是对于未来潜在的全球环境风险也是无可奈何。

表 7　直接后果型文本中无意向表达的评论文本归类

序号	推断结果类别	关键词	情感表达	文本内容
1	日本洗白核污水排海事件	洗白、混淆、故意、高辐射	谴责	日本强调氚却不提铯－137 等无法过滤处理的高辐射核素，就一个目的——洗白核污水排海
2	核污水排放破坏海洋生态	破坏性、伤害、扩散、海洋生物	愤怒	污染的水排入大海后，排放日 57 天内，放射性物质将扩散至太平洋大部，10 年后蔓延至全球，会对海洋环境造成破坏性影响。海洋是生命的摇篮，核污水造成的伤害无法预估
3	网民质疑日本核污水安全性	偶然性、作秀、危害、核污水	质疑	对"喝核污水没事"的认识，必须有亲身实践才能证明，还得多次喝，多人喝，长期喝，单个实验有偶然性，学过数理化的都知道，只有重复、长期才能有效
4	网民对生活受限感到烦恼	日料、刺身、发愁、污染	苦恼	我定了一家超贵的日料店！结果翻了一下菜单发现有很多刺身，然后，一拍脑袋开始发愁吃啥
5	网民对环境质量感到担忧	操心、空气、水污染、苦涩	担忧	一大早又是操心的命，日本核污水排了那么多，也不知道空气质量怎么样，能吃的还有什么

续表

序号	推断结果类别	关键词	情感表达	文本内容
6	网民对现实的无奈与愤慨	力微、势单力薄、无法阻挡	无奈	也不知道我们这些力微的人能做些什么，什么都阻止不了

意向表达言论的影响力取决于事件危害程度、网络媒体的涉利程度、网民的受教育程度、意见领袖作用、政府信息公开程度等因素。[①] 针对直接后果型文本，笔者认为，对呼吁公众行动类文本，平台应该重点关注，及时与有关部门沟通；对建议政府行动类文本，平台可以客观采集，分门别类，归纳形成合理化建议，供决策部门参考；对表明自身行动类文本，平台应重点关注，采用 AI 技术等提醒网民，注意相关风险等。

六　间接后果型文本分析

间接后果型评论文本共有 259 条，是占比最高的一种类型，具有典型的多段推理和多种后果的特征。这种类型有两种逻辑推论形式，一种是具有逻辑演化过程、递进式的因果推理；另一种是单纯阐发观点或事实、并发式的后果举例。前者拥有程序、层次、维度上的递进，前面短句成为后面短句的基础或原因，强调致使情景过程的因果连续性，逻辑推理过程相对复杂也更具有说服力。后者主要是对事实或观点的罗列，不同短句之间并不存在程序先后和因果联系，对于逻辑上的承接和转叙并没有太多要求。

从逻辑论证看，间接后果型文本涵盖了五种论证方式——对比论证、举例论证、比喻论证、引用论证、道理论证。[②] 对比论证往往会结合行为主体的既往历史事件，向受众表达出同类型的暗示，引导公众做

---

① 　孙钦莹、任晓丽：《基于双重失衡环境的网络舆情演化机理与治理策略研究》，《情报杂志》2023 年第 4 期。

② 　钮伟国：《论证方法的分类》，《阅读与写作》2002 年第 12 期。

出两个事件走向相同的判断。例如："还记得二战后的日本吗？核污水也是一样的。两年后的日本：已经排完了，给大家添麻烦了，真的非常抱歉。二十年后的日本：这是上一代日本人做的事，和现在的日本人没有关系！我们是无罪的，我们也是受害者！五十年后的日本：什么核污水？哪来的核污水？"举例论证是通过列举一个不同行为主体，但是同属环境维度的事件，来证明焦点事件的后果程度。这一方式的优点是有现实材料作为支撑，但是忽略了不同条件下的事件差异。比喻论证通过将环境事件缩放至日常生活，通过习惯性的角色代入来引发共鸣，从而实现公众对论证的认同。例如："这个事情就和小区倒垃圾是一个道理，日本人反正不想留在自己家发酵，要么倒在亚洲门口，要么就要拉出去给欧美或者其他地区，他们自己一琢磨，还是直接倒在门口更合适，不仅省事儿省时间省钱，还能获得小区扛把子欧美的支持。"引用论证则营造出一个已有的成熟观点，先入为主，再加之举例论证从而达到推论效果。例如："还记得有句著名的论断吗？日本有小德而无大义。日本球迷在卡塔尔世界杯足球比赛结束后自发捡拾垃圾的行为，无疑再次加深了外界对日本国民爱干净、高素质的印象，但大家在为此点赞的同时，可别忘了日本政府曾不顾国际社会反对，做出过强行将福岛核污水排向大海的恶行。只能说再次论证了这一点。"道理论证通过不同角度来分析核污水排海事件的科学逻辑，塑造出一个专业、可靠、权威的环境困境，最终达成论证目的。例如："从技术安全角度讲，国际社会不能拿全球人民健康做赌注来假定日方净化装置长期有效、可靠；从管辖逻辑来讲，日本管不好自己的事务就要把风险转嫁给整个世界；从道德层次来说，你日本的国际责任和担当都没有吗？于情于理，没一个说得过去。"五种论证方式相互融合和策应，因此，有的文本可以包含多种论证方式。这也是间接后果型文本影响力较高、更容易引发认同和共鸣的原因之一。

评论文本推理的关键是"是否以事实作为依据"。根据认知语义学原理，评判评论文本是否极端、过激，最为有效的方式是判断文本所依据事件是物理事件还是心理事件。① 物理事件是指对结果事件施加瞬间或者持续力量的事件。② 心理事件是指完全由自身情感、意志而阐发的意向表达。③ 表 8 展示了各类评论文本所依据的物理事件和心理事件归属的统计分布。总体来看，属于以物理事件为主的文本占多数，达 53.22%，而属于以心理事件为主的文本占比为 46.78%。这意味着网络评论在"日本排放核污水"事件上，多数文本具备事实根据，而且体现出强烈的反对排海情绪。从各种类型来看，溯因推理类型中依据物理事件的文本占比最高，达 95.35%；其次是前因后果类型，占比为 76.19%。也就是说，这两类网络评论的客观性较强。间接后果型中依据物理事件的文本占比为 59.07%，略高于平均水平。直接后果型中依据物理事件的文本占比最低，为 35.91%。间接后果型文本由于需要阐发多重因果或者连续因果，所以对社会事实和新闻报道的依赖高于直接后果型文本。直接后果型文本推理链条最短，网民评论时往往滑入主观臆测的便捷轨道。由此可以得出，评论文本依据的事件属性与因果推论的逻辑正当性有直接关系，网络评论文本推论所依据的事实越多，逻辑正当性也越强，反之，情感性表达越强，也越容易形成极端化言论。

表 8 各类型文本依据事件属性的频次分布

单位：条，%

事件属性	溯因推理型	前因后果型	直接后果型	间接后果型	总计
物理事件	41 (95.35)	16 (76.19)	79 (35.91)	153 (59.07)	289 (53.22)
心理事件	2 (4.65)	5 (23.81)	141 (64.09)	106 (40.93)	254 (46.78)

---

① 伦纳德·泰尔米：《认知语义学（卷1）》，李福印等译，北京：北京大学出版社，2017年，第450页。

② 伦纳德·泰尔米：《认知语义学（卷1）》，李福印等译，北京：北京大学出版社，2017年，第451页。

③ 伦纳德·泰尔米：《认知语义学（卷1）》，李福印等译，北京：北京大学出版社，2017年，第480页。

续表

事件属性	溯因推理型	前因后果型	直接后果型	间接后果型	总计
总计	43 （100）	21 （100）	220 （100）	259 （100）	543 （100）

有所谓"事实依据"的失真信息极易引发次生的网络舆情灾害。物理事件作为占比较高的评论文本类型，虽然是基于基本的社会事实或自然知识，但是很难排除其中的失真信息和网络谣言。谬误信息的传播可能导致不断生成负面舆情，引发公众的无端猜想和心理恐慌。网络舆情事件在快速发酵的同时，庞杂的信息源和多样化的观点评论将持续冲击网民的思维。网民似乎更愿意相信事件背后具有利益输送关系①。所以，不同于娱乐事件、政治事件，环境事件对社会生活的影响更大，也更为敏感，刺激性较强，更容易引发社会公众的无端猜想和心理恐慌。

七 结论

日本排放核污水作为近年来最为重大的环境事件，在全球尤其是亚洲地区引发了诸多讨论。网络空间作为民众聚集程度高、观点散布广、反响大的评论媒介，是观测舆情变化和民意转向的关键。本文尝试通过对网络评论的因果逻辑链条透视，来理解民众在网络平台上对环境事件的观点，进而达到理解网络社群的思考逻辑与互动特点，为舆情监管缩小预警范围，提早感知潜在的极端化风险；通过类型化操作对有影响力的观点进行差异分析，从而把握网民对环境事件的认知推理特点和情绪表达方式。本文通过研究可以得出以下五个结论。第一，网民对环境事件的溯因推理主要以国家主体作为分析对象，对专业要素表

---

① 李明：《多主体协同视域下短视频网络舆情导控机理及因果机制研究》，《现代情报》2023年第 1 期。

现拒斥，整体呈现政治主体越位、科技主体缺位的特点。这也就要求网络舆情治理不应只关注监管的分化组合机制，更要加大科技专家的话语权重与社会影响力，从而防止非理性情绪的弥散与扩大。第二，前因后果型的推理文本基本是将环境事件作为中介变量，聚焦政治行为、经济效益、社会健康等维度，演化出六种因果推断路径。当然，更详细、更深入的实证研究还有待将来进行。第三，直接后果型的推理文本中，过半数属于情绪表达，近半数表达了行动意向，且后者明显受到网络媒介的影响，极易发生情绪扩散和观点集聚，从而引发群体性焦虑和集体行动。因此，要着重关注此类人群的情绪表达，避免反智主义与专家污名化的倾向。第四，间接后果型推理文本大多采用五种类型的论证方式。该类文本往往因逻辑演化过程缜密、层次清晰而更为大众所认同，要依托政府官方媒体进行宣传，对这类评论人群加以鼓励和引导，实现社会层面的正向引导。第五，网络评论的影响力与平台、物理事件紧密相关，社交媒体平台上呈现的舆论走向和评论依据，也反映了客观社会的部分矛盾。

生态人类学视野下藏族社会的洁净观
与废弃物处置利用研究[*]

张　辉^{**}

摘　要：既有研究多关注现代社会中废弃物的治理问题，而对于社会中废弃物的处置及利用语焉不详。本文利用生态人类学的研究进路，考察在藏族社会洁净观念影响下的废弃物的处置利用问题，发现在藏族社会的特殊文化背景及青藏高原生态环境的影响下，当地形成了具有丰富内涵的洁净观念。这一观念深刻影响了藏族日常生活中对于废弃物的基本认知及分类观念，并构建了一套当地传承多年的利用体系，对于促进当地社会中物质资源的分类利用和可持续发展具有重要作用。藏族社会的废弃物处置利用有其合理性，从生态内涵上可被视为当地居民的生存智慧，对于维护当地生态系统平衡具有一定的积极意义，可为当下农村生活垃圾的现代治理提供可资借鉴的经验。

关键词：藏族社会　废弃物　生态人类学　洁净观念　环境治理

一　引言：洁净观与人类学的废弃物研究

人类学对于废弃物及其处置问题的研究有较长的历史。早期的人

＊　本研究受"息壤学者支持计划"（XR2023-10）、中国社会科学院学科建设"登峰战略"资助计划资助重点学科"中国边疆安全学"（DF2023ZD06）、中国社会科学院"青启计划"（2024QQJH090）资助。

＊＊　张辉，中国社会科学院中国边疆研究所助理研究员，研究方向为中国边疆治理、西藏问题。

类学经典民族志多关注的是初民社会对于自然资源的高效利用，其背后关联的是社会如何延续自身发展的同时维护当地生态环境的稳定和平衡。而人类学真正关注废弃物本身，则是 20 世纪以后的事。随着社会经济的发展，以有名的"世界十大环境公害事件"为出发点，世界范围内掀起了轰轰烈烈的环境保护运动，学界亦参与其中，开始研究环境危机及其背后复杂的社会生态机制。① 大量生活废弃物的出现以及由此引发的广泛垃圾污染问题是现代化发展的一个附属产物，不仅关系到生态环境，也关系到社会系统。因此，学界的研究路径比较多元，从废弃物形成、处置、社会影响等多方面开展研究，既关注垃圾治理的过程，也关注废弃物形成的社会文化背景，甚至包括对整个发展体系及其资本主义制度的批判。② 中国学界关注废弃物问题，与环境问题密切相关，特别是"白色污染""垃圾焚烧"等环境问题驱使学界开展相关研究。2019 年，上海实行垃圾分类，在全国范围内引发了热烈的讨论，生活垃圾分类问题研究成为一个热门话题，有关垃圾分类的研究成果也在这一年呈现显著增长态势。大量研究侧重于垃圾分类与地方社会衔接的议题。

就现有研究来看，相关研究主要集中于对现代社会废弃物大规模排放及其社会环境影响的议题。③ 通过 CNKI 的检索发现，相关研究成果的讨论主题集中于城市和农村的垃圾治理问题上，这方面的研究占相关研究文献的 80% 以上。废弃物/垃圾问题是一个现代性难题，并不意味着传统社会没有废弃物，但是传统社会人们的废弃物观念有其特殊之处。就传统社会的垃圾问题，有学者将其总结为具有"有废弃物而无垃圾"的特征。④ 这一观点形象地表明了传统社会垃圾问题的特征。从生态人类学的角度来看，当代社会废弃物之所以成为一个时代难

---

① 陈阿江：《环境污染如何转化为社会问题》，《探索与争鸣》2019 年第 8 期。
② 田松：《工业文明的痼疾——垃圾问题的热力学阐释及其推论》，《云南师范大学学报》（哲学社会科学版）2010 年第 6 期。
③ 王维、熊锦：《我国农村生活垃圾治理研究综述及展望》，《生态经济》2020 第 11 期。
④ 杨筑慧：《日常生活视角下的垃圾分类与反思》，《社会发展研究》2020 年第 1 期。

题，就在于当代社会人与环境的关系出现了裂隙，传统社会中人与自然的和谐共生关系被现代发展所冲击乃至斩断。① 因此，传统社会中人们如何看待废弃物的存在并将其文化与周遭生态环境串联起来？再进一步说，传统社会中的废弃物观念能否对当下垃圾环境议题提供可资借鉴和利用之处？这些是值得研究者深入思考的。因此，如何就传统社会里的废弃物处置利用展开讨论，是一个需要进一步拓展研究的生态人类学议题。② 就理论脉络来说，对传统社会的废弃物研究存在多种路径，包括物与物质文化、多物种民族志、行动者网络（ANT）等多个方向。③ 本文选择从人类学的洁净观研究路径来审视传统社会的废弃物处置利用问题。

在很多人的传统观念中，废弃物是污秽、肮脏物体的代名词。然而，这个污秽与肮脏，在不同的社会文化体系中的表征是有明显差异的，某一物体在一套文化体系中是污秽的，在另一套文化体系中则与之相反。这就涉及文化认知标准体系的话题，即到底什么是"脏"的。因此，洁净与污秽是一个相对的概念，其具体界定因文化而异。玛丽·道格拉斯（Mary Douglas）在其著作《洁净与危险：对污染和禁忌观念的分析》中提出了一个带有人类学味道的经典议题：洁净与污秽背后承载着文化认知观念及其象征符号。道格拉斯指出："世界上并不存在绝对的污秽，它只存在于关注者的眼中。"④ 在道格拉斯看来，洁净之物和污秽之物并非偶然性的一种界定，而是整个族群的社会文化系统所蕴含的对于外在于人之物的认知的投射，换言之，当地社会的文化观念决定了何为洁净、何为污秽。因此，道格拉斯很明确地提出："污秽

① 崔明昆：《文明演进中环境问题的生态人类学透视》，《云南师范大学学报》（哲学社会科学版）2001 年第 4 期。
② 夏循祥：《农村垃圾处理的文化逻辑及其知识治理——以坑尾村为例》，《广西民族大学学报》（哲学社会科学版）2016 年第 5 期。
③ 张劼颖：《垃圾作为活力之物——物质性视角下的废弃物研究》，《社会学研究》2021 年第 2 期。
④ 玛丽·道格拉斯：《洁净与危险：对污染和禁忌观念的分析》，黄剑波等译，北京：商务印书馆，2018 年，第 14 页。

从来就不是孤立的。只有在一种系统的秩序观念内考察，才会有所谓的污秽。因此，任何企图以零星碎片的方式解释另一种文化有关污秽的规则都注定失败。"①

不管是复杂社会还是更为简单的初民社会，洁净观作为一种基本的文化观念普遍存在于各个社会体系。按照道格拉斯的说法，洁净观更像是一种为维护社会秩序的分类法则，洁净与污秽的二元格局把原有的体系一分为二。这一点与法国人类学家路易·杜蒙（Louis Dumont）有关印度卡斯特体系"阶序中的不洁与隔离"类似。② 在更具体的实践中，受洁净观影响，藏族人把日常生活与周遭世界的原有存在和生产加工的物质分类，在洁净之物与污秽之物的分类下再增加"好与坏""有用与无用""神圣与世俗"等次一级体系。这样，洁净观念在更微观的层面引导人们对物与物质性的认知。对于"拥有物的研究传统的人类学来说，垃圾研究有着丰富的理论意涵"。③ 废弃物是作为伴随人类生产生活实践而来的一种特殊类型的"物质"，洁净观视角对传统社会废弃物的形成及其处置利用有很好的阐释力。垃圾作为一种人类生活之废弃物普遍存在于社会体系中，衣、食、住、行，任何一种行为都会产生一些难以被人类社会所消化和利用的物质，但是洁净观深深影响了不同群体对废弃物的认知，这也是理解不同社会体系中废弃物认知观念的一个重要切入口。

与现代工业社会的高危害性废弃物问题相比，西藏地区传统上虽然也产生废弃物，但其对当地环境的影响是最低限度的。一方面，在于传统的生产生活方式产生的废弃物数量非常少，而且许多物品被人们反复使用，重复利用导致直接丢弃的东西不多；另一方面，在于传

---

① 玛丽·道格拉斯：《洁净与危险：对污染和禁忌观念的分析》，黄剑波等译，北京：商务印书馆，2018 年，第 54 页。

② 路易·杜蒙：《阶序人：卡斯特体系及其衍生现象》，王志明译，杭州：浙江大学出版社，2017 年，导言。

③ 张劼颖：《垃圾作为活力之物——物质性视角下的废弃物研究》，《社会学研究》2021 年第 2 期。

统的废弃物绝大多数能在当地的生态系统中依靠微生物自行分解，这不仅有利于减少垃圾存量，而且能够在一定程度上实现生物链中的物质循环。而藏文化体系的洁净观对藏族人的废弃物观念产生了重要影响，形成了一个有关废弃物认知的地方性知识体系。藏族洁净观的核心内涵是包括道德观念、宗教文化、风俗习惯、生活方式等在内的民族文化。以宗教文化为例，当地普遍信仰藏传佛教雍仲本教等，当地有独特的宗教禁忌、祭祀仪式、节庆活动，哪些东西能够利用、哪些东西不能触碰都被打上了深刻的宗教烙印，深深约束着当地人。除此之外，藏族的洁净观也与其生态环境和生计方式有着密切的关联。藏族地区作为拥有特殊生态系统的地区兼具环境脆弱性和生态多样性，当地环境成为人们资源利用和分类的重要条件，一部分被外界视为污秽的废弃物被反复利用体现了当地人对于本土生态环境的适应性。同时，藏族地区的民族生计类型多元，以牧区高原游牧生计和坝区河谷农业为代表呈现多元化的特征。藏族社会的洁净观念镶嵌于其整个民族文化体系之中，因此我们需要从一种整体性社会事实的角度出发去测度这一套观念内容。

本文立足于洁净观视野下的废弃物处置利用，讨论藏族社会废弃物的生成、转移处置及再利用的整个过程，借此重新审视传统社会废弃物处置问题的内在运作逻辑，并提出其对于当下藏族地区垃圾问题治理的有益启示。2021年6月至2022年6月，笔者长期在云南、西藏和四川三省区相交界的藏族聚居区开展田野调查，其间就注意到藏族社会的传统废弃物处置问题及当下治理逻辑的议题，调查过程中笔者收集了许多第一手资料。笔者选择其中一个村寨（以下简称S村）做了长期观察。该村是一个典型的藏族村落，全村共有250人，均为藏族。其生产活动为半农半牧业，海拔较高的高寒山区牧草茂盛适合开展养殖业，低海拔地区温度高、土地肥沃和灌溉便利，因此适宜开展农业。S村全村信仰藏传佛教格鲁派，村中有寺庙一座、白塔若干。

二 宗教文化影响下的洁净观念与废弃物处置

洁净观念的形成受多种因素的影响，在宗教信仰盛行的地方，宗教文化在其中发挥了举足轻重的作用。道格拉斯明确地指出，凡是在有宗教信仰的社会体系中，与宗教有关的事务都是神圣的，因而也都是洁净的；与此相对应的则是世俗世界的污秽①。洁净观下的神圣与世俗构成了一个明确的二元分类结构。在宗教信仰氛围比较浓厚的社会体系中，人们将日常生活空间一分为二划分成神圣空间与世俗空间是一种非常普遍的做法。正如社会学年鉴学派的开创者涂尔干在考察异文化的宗教观念时发现，散布于世界各个角落的宗教信仰不管是复杂体系还是简单体系，都存在这样一个特征："他们把人类所能想到的所有事务，不管是真实的还是理想的，都划分成两类……整个世界都被划分成两大领域，一个领域包括所有的神圣事务，另一个领域包括所有的凡俗事务，宗教思想的显著特征便是这种划分。"② 所谓神圣便是"超经验、超世俗的存在，是超越了有限的语言和形象的无限"。③ 世俗则与之相反，是基于生活经验的有限的存在，立足于人类社会的日常生活实际。依据神圣与世俗的二元关系，在对现实世界的客观认知上，可以将人类生存空间划分为神圣空间和世俗空间。在不同的空间结构中，人们的认知理念、行为方式、感知体验都存在差异。

藏族社会有着以藏传佛教为主体的复杂宗教体系，依据其基本的宗教观念，同样存在以神圣空间和世俗空间来划分生活世界的做法。神圣空间建立在宗教信仰及其附属物的基础上，而世俗空间则是开展俗世生活的基础，神圣空间和世俗空间有着泾渭分明的清晰边界，两者不

---

① 玛丽·道格拉斯：《洁净与危险：对污染和禁忌观念的分析》，黄剑波等译，北京：商务印书馆，2018年，第13~17页。

② 爱弥尔·涂尔干：《宗教生活的基本形式》，渠东、汲喆译，北京：商务印书馆，2011年，第42~43页。

③ 李小艳：《宗教的神圣与世俗》，《东南大学学报》（哲学社会科学版）2012年第4期。

能肆意混合。因此，神圣空间和世俗空间有着不一样的运行逻辑，人们对于不同空间的态度、行为、认知都存在明显差异。藏族社会的宗教信仰深刻影响了他们的洁净观念，突出表现在"神圣的洁净与世俗的污秽"这个二元洁净框架中。立足藏族社会，凡是与宗教的神圣有关的事务和物品都是圣洁的，违反宗教体系里的洁净分类原则，以及触碰到宗教禁忌，都是不洁净的表现。

　　神圣的洁净与世俗的污秽，这一点对于形塑藏族社会垃圾认知观念有着重要的作用。在不同的文化中，怎么舍弃失去利用价值的废弃物、用何种方式舍弃、舍弃到什么地方，都是需要谨慎思考和对待的。神圣空间因为其特殊的宗教印迹而带上了神秘的光环和底蕴，对于洁净度的要求是非常严格的，其特殊性建立在神圣空间存在的非常多的宗教与文化禁忌基础上，对人们的行为约束更加严苛。例如，在藏族社会中，人们对与宗教相关的很多物品的洁净度有着非常高的要求，有些物品一旦被人弄脏或者沾染到不洁净的其他东西，都将成为必须丢弃的"脏东西"。其中作为宗教职业者的僧人在藏族社会具有非常高的地位，因而僧人群体是非常洁净的，17 世纪第司藏巴政权的噶玛丹迥旺布颁布的《十六法典》就将人分为三等九级，其中僧人处于最高位置。僧人如果在同一个场合与平民吃饭，那么僧人的碗筷必须用新的，而且盛菜的时候也必须分开，平民不能用自己的筷子去夹僧人的饭菜，否则将被视为弄脏饭菜的行为，而且必须将饭菜全部倒掉。

　　藏族社会的神圣空间依据其宗教特征可以实现客体化。目前来看，藏族社会中客观存在且获得群众一致认可的神圣空间主要有四种类型，即经堂、寺庙、神山、神湖。如果我们以藏族基本生活单元家屋为出发点，将其同村落、周边环境放在一起构成一个区域性的生存格局来看，那么便形成了以家屋中的经堂、村落里的寺庙、村落周遭的神山、更加外围的神湖这样一个由小到大、由简单到复杂的神圣空间格局。在这些以宗教信仰为基础扩展而成的神圣空间里，存在非常明确的宗教仪轨、文化禁忌、祭祀方式，而与之相关联的废弃物以一种别样的方式得到处置。

藏族社会在神圣空间不能乱丢垃圾是一个基本的原则。此处以神山、神湖为例。神山信仰是藏族社会最普遍的信仰之一，在笔者调查的康巴地区，神山用当地发音为"日达"，直译过来有"大地之主""世间主宰"等意思；在佛教典籍中则又称"域拉"，直译有"地方神""一方之神"等含义。藏族社会的神山是一个体系，有村寨自己的小神山，也有涉及多个村寨共同祭祀的跨区域神山，更有声名远扬的大神山，例如滇西北地区的卡瓦格博。在神山区域开展祭祀、祈福、求雨等活动的时候，所使用的物品都需要全部清理掉，不能在神山区域遗留一点垃圾。2021 年春，笔者在 S 村参加年度神山祭祀仪式，仪式上使用了包含吃喝娱乐在内的大量生活物资，到仪式结束后村民们都很自觉地将所有的垃圾全部捡起来打包带下山，包括袋装方便面里的调料包、泡面叉子也都带走。但村民们将祭祀用的"三白三甜"（奶酪、牛奶、酸奶、蜂蜜、冰糖、红糖）等可用生食祭祀物搁置到祭祀场附近的石头上，据村民说这可以给神山上的鸟、野猫、兔子等当作口粮。对神湖，当地人也有类似的观念。神湖信仰是藏族社会另一种以特殊高山湖泊为崇拜对象的信仰习俗，藏族村落分布有自己的小神湖，亦存在跨区域崇拜的大神湖。对神湖同样有非常明确的文化禁忌，S 村在每年大旱时期常在神湖色列错（当地方言为"金色的牧场湖"）举行求雨仪式，结束后村民同样会自觉带走所有垃圾。

本文认为，神山、神湖这样的广泛分布于藏族社会的神圣空间具有重要的意义。藏族社会中神山、神湖都是特殊的存在，有着非常严格的文化禁忌，当地社会有一套比较被认可的"触犯—惩罚机制"，当地人认为神山上的动植物乃至泥土都是山神的私有财产，凡俗之人不能擅自开挖发掘。也就是说，如果在神山等区域乱丢垃圾、滥砍植物、偷盗野生动物等，都会受到神山不同程度的惩罚。虽然这些当地人所谓的"惩罚"从外人来看是一种基于佛教思想的"因果报应"观念，但是对于当地生态环境来说，这种神山、神湖信仰及禁止人们乱丢垃圾的约束机制则发挥了保护功能，有力地阻断了生活区域产生的垃圾蔓延至神山、神湖区域的路径。正如笔者在另一篇文章中所言，神山崇拜将神山区域拓展成了青藏高原地区一个个特殊而又独立的小范围"生态保护区"，对于保护当地生态环境有重要影响。①

藏族村落每年都会开展一系列的宗教活动，这类活动既包括全村参与的集体活动，也包括单个家庭开展的祭祀活动。在这些宗教活动中，人们会使用到大量与宗教祭祀相关的物品，这些构成藏族村落里废弃物的重要组成部分。由于藏族社会里的神圣空间及洁净观念和对待宗教器物的严肃性，他们对相关废旧和闲余物品的处置也有较为特殊的方式。对宗教祭祀等活动使用的一次性用品，经常的处置方式是利用完之后在开阔地带焚烧，村民们认为这类物品经过喇嘛们念经等活动以后已经成为神圣之物，因此当地的传统是使用完之后尽量用火烧掉。对经堂和寺庙里废弃、损坏的大多数物品，不能将其和一般的生活垃圾混在一起处理，而是需要单独分开来丢弃到特殊区域，特别是香炉、烛台、供碗等物品更是如此。笔者调查时注意到，很多藏族百姓在处理废旧的宗教用品时都特别谨慎，收拢以后会将其带至人迹罕至的高山垭口或者偏僻山洞才丢弃。对于家中闲置的宗教物品，如若不是太破旧，藏族百姓会将其转移到村里的集体经堂（集体转经的地方）和寺庙，或者是赠送给亲朋好友等有需要的人，实现宗教物品利用的最大化。以哈达为例，哈达是藏族社会迎送贵重亲友、参加婚礼、朝拜活佛、邀请喇嘛念经等具有宗教和礼仪性质活动的一个以绫、绸、丝原料制作而成的物品。一个藏族家庭每年要送出去大量哈达，反过来也会接收到大量哈达。由于哈达在宗教和礼仪上的神圣性，当地对于这种丝织品的处理要求是绝对不能胡乱丢弃，更加禁止将其同其他污秽垃圾一起处理，一般家庭会将使用过的哈达贡献到寺庙、集体经堂，或者会系在垭口、白

---

① 张辉：《地方性生态知识与生态保护——以滇西北藏区奔子栏镇神山崇拜为例》，《原生态民族文化学刊》2017年第1期。

塔等区域的玛尼堆上，大量哈达汇聚起来构成了藏族村落里一个比较突出的文化景观。

在藏族百姓看来，神圣空间和世俗空间之间的边界是非常清晰的，当地用一套纷繁复杂的文化禁忌将两者隔离开来。对于一个村落来说，村中寺庙区域和村庄里的生活区域是分开的；对于一个藏族家屋来说，藏式土掌房里顶楼处的经堂和其他生活区域也是分开的。因此，对相关物品的使用也需要区别开来，神圣空间和世俗空间的物品绝对不能混合使用，从物的流动上来看大多数时候是单向流动的。人们可以将自家不用的闲置物品贡献给寺庙使用，但是绝对不能把寺庙里的闲置物品拿回家，即使是一块废旧的木板都不行。根据村民的解释，这种行为一方面会受到神灵的"惩罚"，另一方面则是不道德的，过去只有要饭的乞丐会使用寺庙里的东西，因此，这种行为被贴上了"低贱"的标签。在藏族的家屋里，经堂里的物品和客厅、厨房里的物品绝对要分开使用。经堂里用的抹布、笤帚、拖把都是单独购买的，经堂里也绝对不能放垃圾桶，扫地以后的灰尘等垃圾要带到房间外倒掉。藏族的经堂每天都要供奉净水（佛教中的水供仪式），必须购买单独的水瓢、水桶，从院子里的水龙头接到新鲜净水以后直接提到经堂里。每月的初一和十五都会在经堂里点酥油灯，最常见的是酥油灯是小体形的铜质灯盏，里面放置酥油并配置一根棉线，酥油灯燃烧以后要在专用的大盆里清洗。可以看出，以宗教信仰为基础的神圣空间和世俗空间的二元划分，对于当地社会的废弃物的使用和遗弃有着非常重要的影响，从宗教文化层面形塑了藏族社会里的垃圾认知体系。

最后，由于宗教观念的影响，藏族社会里的丧葬仪式中也体现出非常明显的洁净观念。死亡不仅意味着与周遭亲属的永别，也意味着曾经有意识、会思考的有机体变成了一个没有任何活力的躯体。从一种宽泛的废弃物角度来看，死亡之后的身体就成了另一种类型的"有机体废弃物"。因此，很多时候，与死亡相关的事物都带上黑暗、恐惧的色彩。与死亡相关的仪式活动、物品在很多时候都带上"不洁净"的阴影。藏族社会同样如此。死亡之后的躯体变成藏族村寨里"最不洁净""最危险"的一个物质存在。送葬之日首先在院子里用木板或者砖石铺出一条通向院子外面的道路，走过以后立马将木板烧掉或者把砖石丢到很远的山谷，死者生前的遗留物品基本上都会被烧掉。如果死者生前穿戴的贵重物品需要保留下来，会邀请喇嘛念经祛除污秽。金沙江、澜沧江两江流域的藏族社会盛行水葬。送葬队伍返回家里后要跨过由柏树枝点燃的桑烟，意即洁净烟气祛除污秽，还要进行一次全面的洗澡。整个丧葬过程会产生大量的与之相关的"废弃物"。不管是水葬、天葬，都是他们传统处置这一特殊"废弃物"的独特方式。

三　日常生活中的洁净观与废弃物处置

日常生活中的洁净观念是比较细微和具体的，与藏族百姓的伦理道德观念和生活习惯等密切相关，其影响下的废弃物处置表现出一个社会的日常生活对于物资资源的利用习惯。英国著名人类学家埃文思-普里查德（Evans-Pritchard）在其经典名著《努尔人：对一个尼罗特人群生活方式和政治制度的描述》中将努尔人笑称为"牛身上的寄生者"，他深刻地描述了当地对于牛的排泄物的利用：湿的牛粪可以被用作燃料、抹墙泥，可以被用来治疗伤口；烧剩的牛粪灰烬可以给男人们染发、洗牙漱口以及用于各类宗教仪式；牛尿可用作搅拌和制作奶酪，供人们洗脸、洗手、洗头。[①] 可以看出在努尔人的洁净观念中，牛的排泄物并不是肮脏的，其在日常生活中有着非常多的作用。所以传统社会里自然之物的有用和无用之间没有十分绝对的边界，在洁净观念的影响下，一个场景中的废弃物在另一个场景中就摇身一变成为重要资源。和努尔人一样，在洁净观念的影响下藏族社会废弃物的有用和无用也

① 埃文思-普里查德：《努尔人：对一个尼罗特人群生活方式和政治制度的描述》，褚建芳译，北京：商务印书馆，2017年，第50页。

是相对存在的一对概念。其中最典型的例子就是藏族社会对于人畜粪便的认知：虽然同样为排泄物，牛粪是洁净的，人粪是肮脏的。这一立足于洁净观的分类非常明确且存在不可逾越的界限，与长期使用人畜粪便习惯的农耕社会的洁净观有区别。

在藏族社会中，传统观念认为人的粪便尿液是最为污秽之物。这种污秽有其宗教和特殊文化背景。在藏传佛教的宗教观念中，人类的肉身凡胎因其不断的吃喝拉撒和世俗爱欲而具有不洁的特征，而从人类身体上的各类器官分泌出的物质，如粪便、眼屎、唾沫、鼻涕、尿液等都成了污秽之物。平常的宗教祭祀物品都被严格禁止与这类污秽之物接触，如在神山等神圣区域里活动也被禁止排便、吐唾沫，当地人认为这样容易得罪山神。人类粪便是最肮脏之物，必须将其与生活空间隔开来，所以滇川藏三省毗邻区的藏式土掌房在二层墙体外层开一小口，单独用质地较轻的木板设置一个中央打洞的悬空式厕所，地面上用土墙或者石头垒成一个小粪坑，人上厕所的时候直接在二楼进行，粪便从空中坠落直接进入下面的粪坑。这样人不用下楼，也可将其与生活空间隔离并杜绝异味传入。由于粪便被认为是污秽之物，所以藏族社会并不会利用人类粪便制作农家肥，但是他们可以使用牛粪。

与对人类粪便高度排斥形成鲜明对比的是藏族社会对于牛粪的态度。对牛粪的利用方式非常多元，牛粪是藏族农牧民的万能生存原料，亦被当地人视为大自然给予高原人的礼物。牛粪在藏族社会里具有非常广泛的用途，可用作燃料、建筑材料、祭祀甚至药材等。在洁净观念影响下，牧区社会、牛粪与高原生态环境之间呈现紧密的联系。藏族社会关于利用牛粪的基本知识及其分类主要有以下五方面的内容。（1）作为燃料之用。将牛粪用作燃料的主要分布区域是牧区和半农半牧区的部分区域。牛粪在成为燃料之前要有一个过程，主要分成捡拾、晒制、储藏三个环节，一般从事这项工作的都是家庭主妇，这是由当地社会性别分工所决定的。牛粪堆的多寡在当地有着非常重要的象征意义，牛粪堆越高、牛粪墙越大，代表着这家人家中饲养牦牛最多、家庭越富有，同时还蕴含着人丁兴旺之意。（2）农区的牛粪堆肥，与牧区相比有差异。很多农区由于植被丰富较少使用牛粪作燃料，而是利用堆肥技术制作农家肥。藏族的堆肥技术由内地传入，经过多年演变并结合当地生计方式和生态环境形成了具有当地特点的堆肥技术。笔者在滇川藏交界区域进行调查时发现，当地的堆肥技术已经非常成熟，对于推动当地农业增产效果非常明显。（3）作为建筑材料，新鲜的牛粪带有许多水分并具有一定的黏性，暴晒变干之后具有一定的稳定性。如果是在冬天水分直接冻成冰，做成的东西会更结实。因此，在农区和牧区牛粪都是很好的建筑材料，可以在一定程度上代替水泥或者泥巴。在牧区，藏族人可用牛粪做牲口棚、狗舍、冬天放置食物的"冰箱"、休闲娱乐的玩具等。（4）特殊的药用价值。牛粪和牛粪灰在当地被视作对人畜均具有一定药用价值的物品。藏医治疗牧民某些疾病的时候会在燃烧着的牛粪上撒一些特殊粉末状药物，燃烧起来的烟气据说具有一定药效。在当地人看来，少量的灰烬还可以治疗病人长时期卧床造成的身体溃烂，新鲜牛粪还被视为可以医治牦牛或马驹的眼药。（5）其他功能。过去一些偏僻的牧区，牧民利用牛粪来擦拭长时间使用的锅底。更常见的则是利用牛粪灰易于吸油和灰中含碱的特性清洗油锅。有经验的老牧民根据牲畜粪便的颜色、干湿程度、组成内容等可以鉴别牧场青草的好坏、牦牛的健康状况。

首先，从文化认知层面出发，牛粪之所以有这么多的用途，重要的原因在于当地人认为牛粪是洁净的。牛粪的藏语为"久瓦"，其本身内涵并没有污秽或者不洁净之意。在藏族人看来，牛粪是很干净的东西，有很多用途。在藏族人看来，牛是一个很干净的动物，藏族人饲养的不管是牦牛还是犏牛、黄牛，都只喝清泉水、吃山上的野草，即使牛回到家也是被喂干草。牛吃的东西本身在当地人看来是很洁净的，进一步的，牛吃青草才转化为牛粪，故而牛粪本身也是干净的，所以即使人们用手触碰也不会觉得有任何不合适。藏族对于牛粪有进一步分类。刘子平、马成俊通过青海省玉树藏族自治州曲麻莱县的调查发现，当地存在对于牛粪的细致分类，比如带有水分的湿牛粪叫"妞"，暴晒变干的牛粪叫"布久""久哇"，小块状的干牛粪叫"热玛"，用捡拾回来的牛粪垒成的牛粪堆和牛粪墙叫"让坡"，燃烧后的牛粪灰叫"玛妞"；不同时节的牛粪也有不同的称呼，冬天的牛粪称"玛斯"，夏天的牛粪则为"趟斯"。①

其次，牛粪作为洁净之物的一个重要功能是充当燃料。这与其所处青藏高原的特殊生态环境有直接关系。一方面，青藏高原地区是我国海拔最高、牧场面积最大的地区之一，约250万平方公里的土地上分布着接近21亿亩的草场面积，占全国草场的1/3，极适合饲养牦牛等牲畜。另一方面，青藏高原全区域平均海拔在4000米，西藏的阿里、那曲、青海三江源等牧区的很多藏族村庄所处之地根本难以生长树木，即使草场也是非常稀薄仅盖住地皮而已。因此，长期以来生活在青藏高原的藏族百姓一直面临生存燃料欠缺的难题。在木材、秸秆等传统燃料非常欠缺的情况下，遍地分布的牛粪因其干燥以后的燃烧时间长、释放热量高、晒干燃烧无异味的特性成为当地赖以维生的关键燃料。根据实地调查，高寒牧区的牧民家庭仅在一个冬天便需要5000斤左右的干牛粪，可见当地社会对于牛粪的需求量之大。为此大多数普通的藏族家庭需要专门安排人手（一般均为妇女）花费大量时间和精力来捡拾牛粪，主要程序是将新鲜牛粪归拢后压制晒干，待其自然风干后收集起来放置到专门的储藏点。在青藏高原这样的生态系统中，藏族人通过利用牛粪当燃料适应了当地特殊的自然环境条件，并建立起一个草地—牛（涵盖牛粪）—人的和谐共生的生态链条，体现出文化适应环境的一个重要特点。当然，牛粪当作燃料并不只是在青藏高原地区有。

最后，从生活的层面来看，牛粪作为洁净之物与他们的生活习惯有着很大的关系。2022年笔者同一位藏族大学生走访云南西北部一个比

---

① 刘子平、马成俊：《高寒牧区的能源使用及其生态文化——以曲麻莱牛粪能源为例》，《原生态民族文化学刊》2023年第3期。

较偏僻的村庄，当地藏族还有比较传统的藏式土掌房建筑，人住在二层，牲畜关在一层，是一种典型的人畜不分的居住方式。一进入当地一户人家里，他就对笔者感慨这种房子也是他小时候住过的，而他最熟悉的莫过于从房子底下传上来的牛粪味道，他认为这是最为亲密，也最为亲切的味道。传统上滇川藏毗邻区域都兴建这种人畜不分的建筑，关在一层的牲畜直接排粪便落到圈里，人们不断往里面增加树叶、干土等。这就导致牛粪遇到枯枝落叶后产生出一种特殊的发酵味道。这位大学生说这种牛粪的味道是藏族人家庭富有活力和生机的写照，富有的人家、家中劳动力多的人家，养殖的牲畜越多，味道也越明显。但是他们从没有觉得这种味道有任何的不好，反而觉得这种味道代表着他们传统的生活方式。

如上所述，事实上藏族社会里洁净观的形成，是多种文化背景共同促成的结果。从结构功能主义的角度来看，文化习惯、能源利用、习俗传统等都是形塑牛粪作为洁净之物的重要因素。这里不管是从直接用手去接触，还是从对于牛粪味道的记忆，我们都可以看出在藏族社会里，人们并不视牛粪为一种污秽之物。在他们看来，牛粪是他们日常生产生活中不可或缺的重要资源，特别是在一些高寒牧区更是如此。由此我们也可通过牛粪利用看到当地藏族百姓的洁净观念及其对于资源利用的影响。

四　结语

传统社会中废弃物的处置及其利用问题，是人类学相关领域的一个重要学术课题，其对于我们理解现代社会废弃物的形成、对社会环境的影响及开展环境治理具有一定的借鉴意义。从物与物质文化的角度来看废弃物，人类学存在不同角度的研究进路，而本文从洁净观念及其影响下的废弃物角度入手，以藏族社会为研究对象，着重讨论了受生态、宗教、习俗等形塑的洁净观念如何影响和形塑了藏族人有关废弃物的认知和利用。青藏高原地区长期以来面临生态环境脆弱、物质资源匮乏、生产力不足、气候条件恶劣等难题，当地藏族百姓千百年来利用文化调适所具有的主观能动性发展出具有区域特征和民族特点的地方性知识，这类知识体系不仅有助于满足族群生存繁衍的基本所需，也在一定程度上维系了区域生态系统的稳定与平衡。藏族文化中洁净观的形成及其对于废弃物的处置利用与这一地方性知识有高度的关联。可以看出，藏族社会中的废弃物认知和利用复杂而又多元，展示出藏族对地方环境的适应和不断推进的文化调适。当下，藏族所在的整个青藏高原地区正在快速卷入现代化的浪潮之中，人们生活水平越来越高的同时也伴随着物质消费的升级。与二十年前相比，废弃物的数量和组成结构变化比较明显，过去多是骨头、皮毛等易腐垃圾，现在则多了塑料等多种现代垃圾，相应的，这些对环境的影响也逐渐显露出来。在这种情况下青藏高原地区要开展废弃物治理工作，除了借助现代化治理方式和科技手段来推进废弃物回收与处置，还需要积极利用和借鉴传统的地方性知识，将现代治理技术与文化传统进行有效衔接来提升治理效能。

"道在屎溺"：厕所变迁中的生态-社会叙事

——基于对云村的考察*

李德营　牛　瑜**

摘　要：厕所在生态-社会的互动中具有重要作用。但既有讨论多集中于"卫生""文明"等话语，欠缺对屎溺处置的分析。本文以云村为个案，从代谢循环的角度阐述厕所变迁前后的生态-社会互动状况：嵌入农业生产的传统旱厕系统以栏坑为核心，有着围绕积粪还田的空间结构和利用技艺，甚至村民在"惜粪如金"的观念影响下捡拾田野中的粪便、回收城市中的屎溺，形成了屎溺的生态利用之道；化肥的引入导致厕所的生产功能基本被终结，厕所的结构也被改造，卫生间成为核心并被复合了多种生活功能，而屎溺的处置则被忽视，甚至衍生了屎溺被随意倾倒等生态问题。综上，如庄子所言"道在屎溺"，以厕所为关键环节探讨生态-社会的互动状况有助于从生态利用之道弥补对于屎溺及厕所认知的不足，也有助于从生产-生活-生态关系的角度推进农村厕所革命，甚至推进乡村生态治理实践。

关键词：生态-社会叙事　厕所变迁　屎溺

《庄子·外篇·知北游》中记载东郭子问道于庄子，庄子回复：道无

---

* 本研究是国家社科基金青年项目"我国典型农业区的代谢断裂、面源污染与农产品质量安全问题研究"（批准号：18CSH035）、山东省高等学校青年创新团队发展计划"农村环境治理与政策创新团队"的阶段性成果。

** 李德营，山东农业大学公共管理学院教授，研究方向为环境问题与乡村治理；牛瑜，通讯作者，淄博市周村区委党校科员，研究方向为农村环境治理，负责本文部分资料的调查收集与整理。

所不在，在蝼蚁、在稊稗、在瓦甓、在屎溺。[①] 如其所言，厕所等虽不登大雅之堂，位处偏僻、幽暗之所，但是其与自然之间存在重要的关联。可将无用的屎溺转变为有用的肥料，并在生态-社会的互动中占据着关键的位置，影响到生态循环进程。近年来，逐渐被国内生态研究领域重视的马克思的"代谢断裂"（Metabolic Rift）理论[②]借用现代科学知识阐释了"屎溺之道"。该理论认为工业革命导致人与土地分离，土壤中的养分被以食物的形式输送至城市。但是经城市居民消化后的屎溺等废弃物未被运回农村补充土壤肥力，导致农村的土壤遭受掠夺和剥削，越发贫瘠。该理论基于新陈代谢循环的科学认知阐释了城市废物、农村土壤肥力危机的生态成因。马克思进一步认为正是对立的城乡关系等社会因素导致农业生产中的新陈代谢循环断裂，由此衍生了前述种种生态问题。[③]

就此而言，由社会因素引发的厕所变迁影响到新陈代谢过程，甚至导致代谢断裂，带来生态问题。因此，在生态-社会的互动关系中，基于代谢关系的视角剖析厕所的社会构造及其变迁状况，有助于深化对于生态问题的分析。然而近年来国内针对生态变迁等问题虽已有较多关注，却缺少对厕所的变迁展开生态-社会互动层面的叙事分析，忽略了屎溺的"生态之道"。一方面，在传统实践中，中国的传统农业实践早已形成了以屎溺为核心的农业生产循环体系，并形成了强调循环的"圜道观"等思维观念。[④] 对此，正如富兰克林·H. 金于 20 世纪初到访中国等东亚国家后的评价，"中国、朝鲜和日本农民实行的最伟大的农业措施之一就是利用人类的粪便，将其用于保持土壤肥力以及提高作物产量"。[⑤] 另一方面，在当前政策上，中共中央办公厅、国务院办公

---

① 因语言习惯，部分语境中使用粪便一词，在本文中二者的意义等同。
② 也有译本将其译为"新陈代谢断裂"，为保持语言的简洁，本文采用"代谢断裂"的译法。
③ 福斯特：《马克思的生态学——唯物主义与自然》，刘仁胜、肖峰译，北京：高等教育出版社，2006 年。
④ 刘长林：《圜道观与中国思维》，《哲学动态》1988 年第 1 期。
⑤ 富兰克林·H. 金：《四千年农夫：中国、朝鲜和日本的永续农业》，程存旺、石嫣译，北京：东方出版社，2020 年，第 162~166 页。

厅印发的《农村人居环境整治提升五年行动方案（2021—2025年）》提出，到2025年农村厕所粪污基本得到有效处理。由此，有必要以屎溺为切入点审视厕所变迁的生态-社会意涵，进一步在生态意义上推进厕所革命。基于以上构想，本研究基于代谢循环的视角，将屎溺置入分析的核心，通过考察青岛市云村①厕所的变迁，深描其中的"屎溺之道"，以此深化关于生态-社会关系的认知，乃至为农村生态治理实践提供理论思考。

一 厕所变迁的既有叙事："卫生之道"

较长时期内，作为人类排泄粪便的场所，厕所被等同于肮脏之地而具有污秽之意。然而，源于欧洲地区频繁暴发的霍乱等瘟疫对当地居民生命健康的严重影响，以及19世纪欧洲社会对厕所—粪便—病菌—瘟疫关系链条的不断认知，厕所开始被当地冠以"不卫生"的名义而加以改造。通过排污管道而被水冲刷至"看不见的区域"的屎溺不再是厕所的必存之物，由此，厕所也日渐摆脱污秽的标签。随着西方的扩张，厕所进一步成为被审视的对象，其卫生与否被视作衡量社会文明的标志之一。②

受此影响，清末以来国内的厕所变革过程中，公共认知与实践多秉承相关话语。周星曾将这些话语归为"发展""卫生""文明"三类③。对于"卫生"话语，毋庸赘言；"发展"话语强调通过发展改变厕所等基础卫生设施落后的状况，近年来农村地区的厕所革命就是其展现；伴随发展而来的物质积累、社会变迁及国际交流互动，厕所"文明"的话语不断彰显，乃至被用于评判群体或国家的形象。具化至学术领域，既有研究的叙事框架多秉承这三种话语。如在卫生层面，1995年便有

---

① 依照学术惯例，本文中涉及的村名、人名均进行了匿名化处理。
② 周星：《道在屎溺——当代中国的厕所革命》，北京：商务印书馆，2019年，第167~168页。
③ 周星：《道在屎溺——当代中国的厕所革命》，北京：商务印书馆，2019年。

对全国农村卫生厕所普及率、粪便无害化处理率等的抽样调查分析[①]；近期则有研究比较了三格化粪池厕所、双瓮式厕所等的优缺点，提出农村厕所改造的重点在于建立资源回收利用的产业系统[②]。在"发展"话语的影响下，更多研究从农户参与[③]、多主体协同[④]、政策执行[⑤]等不同角度探讨厕所革命的推进与持续问题；张先清、罗震宇则基于地方知识分析了村庄公共卫生治理的经验[⑥]。最后，在"文明"话语下，有研究认为公厕是城市文明的窗口，以此分析城市公厕的变迁[⑦]；也有研究从身体[⑧]、隐私[⑨]的角度进行探讨；冯雪红结合自身的田野调查经验阐述了游牧文化与农耕文化的如厕差异[⑩]；周星则在其著作中详细梳理了中国农耕文明中的厕所文化、风俗禁忌及近现代的厕所革命进程。[⑪]

以上"发展""卫生""文明"话语反映了学界对国内厕所变迁过程关注的焦点。总之，无论是"发展"还是"文明"话语，核心都在于寻求与欧洲相似的方式，即通过冲水马桶将被视作污秽的屎溺冲刷至"看不见的区域"，以此推进厕所的"卫生"化，并实现此标准下的厕所文明。就此而言，当前关于厌所的理论认知、叙事话语和社会实践所寻求

---

① 潘顺昌、徐桂华、吴玉珍、李建华、颜维安、王光杏、孙凤英：《全国农村厕所及粪便处理背景调查和今后对策研究》，《卫生研究》1995 年第 S3 期。

② 李慧、付昆明、周厚田、仇付国：《农村厕所改造现状及存在问题探讨》，《中国给水排水》2017 年第 22 期。

③ 闵师、王晓兵、侯玲玲、黄季焜：《农户参与人居环境整治的影响因素——基于西南山区的调查数据》，《中国农村观察》2019 年第 4 期。

④ 薛美琴、马超峰：《农村改厕项目的可持续性及其实践逻辑》，《农村经济》2019 年第 1 期。

⑤ 王法硕、王如一：《中国地方政府如何执行模糊性政策？——基于 A 市"厕所革命"政策执行过程的个案研究》，《公共管理学报》2021 年第 4 期。

⑥ 张先清、罗震宇：《地方知识下的公共卫生治理与乡村文明建设——以贵州某水族村落改厕实践为例》，《云南民族大学学报》（哲学社会科学版）2022 年第 5 期。

⑦ 苏智良、彭善民：《公厕变迁与都市文明——以近代上海为例》，《史林》2006 年第 3 期。

⑧ 吴薇：《现代身体感知与空间意义生产——一种日常生活场域建构的民俗学解析》，《文化遗产》2017 年第 5 期。

⑨ 黄圣：《历史视角下的城市公厕空间构造与身体——以新中国成立以后的城市公厕改造史为例》，《天府新论》2019 年第 5 期。

⑩ 冯雪红：《日常之蔽：以三江源厕所变革为例透视田野细微经验》，《民族学刊》2018 年第 5 期。

⑪ 周星：《道在屎溺——当代中国的厕所革命》，北京：商务印书馆，2019 年。

的是以人的健康、舒适为核心的厕所"卫生之道"。然而其中也遗漏了一些重要问题，如周星认为当代中国的厕所革命欠缺公共性的言说①。结合前文所述可发现，既有言说还缺乏对如何处置屎溺也即如何处理厕所空间与生态自然之间关系的剖析，忽略了屎溺、厕所在生态循环中的关键意义。因此，有必要进一步思考屎溺、厕所在生态-社会变迁中的具体境遇及作用方式，从生态意义上探讨屎溺的具体处置之道。

二 传统旱厕的"生态循环之道"

回顾我国悠久的农业历史及生活、生产实践，可以发现我国形成了系统性的处置模式——与农业生产相关联的屎溺处置之道。然而，如何构造厕所的空间结构，并以此为基础形成屎溺在生产-生活-生态之间的循环？在该循环过程中，作为主体的农户需要采取哪些行动，相关社会制度又发挥了何种作用？针对这些屎溺利用之道的具体疑问，云村案例提供了解答。

（一）云村概况

云村地处山东半岛，隶属青岛市即墨区蓝村街道。当地历史悠久，公元前722年"纪人伐夷"时，夷国古城便位于今蓝村街道古城村②。沿革至明清时期，当地因盛产栾树而被称为栾村。至清光绪二十七年（1901），强租胶州湾的德国修建胶济铁路并在村前设站，因翻译原因"栾村"逐渐演变为"蓝村"，延续至今并扩展形成蓝村街道。③ 云村位于蓝村街道的东北部。据传，清康熙年间郝姓一支来此定居，云村由此而来。现在村民以宋姓为主，另有尹、林、段、孙、辛、邱、李、唐等

---

① 周星：《道在屎溺——当代中国的厕所革命》，北京：商务印书馆，2019年。
② 《蓝村一里村》，http://qdsq-jm.qingdao.gov.cn/zcz_144/jmczz5_144/202204/t20220407_5216670.shtml，最后访问日期：2024年8月12日。
③ 山东省青岛市即墨区蓝村镇志编纂委员会编《蓝村镇志》，北京：方志出版社，2018年，第73~85页。

姓，已无郝姓村民，村民均为汉族。2020年的统计显示，全村共有334户，总人口728人，其中60周岁以上人口268人，18周岁及以下人口114人。村庄总面积2135亩（1.42平方公里），其中居民用地1132亩、耕地面积996亩、工业用地7亩。

1949年之后云村开始土地改革并于1956年实现农业合作化，在此期间，云村依托集体兴建农田水利基础设施，推广种植、施肥的新技术，主要种植小麦、玉米和地瓜等粮食作物。2004年起，在国家政策的影响下，云村开始积极推动土地流转，至2012年时，云村有农户经流转而耕种超过300亩面积的土地。2018年，即墨区推出"农业综合开发高标准农田项目"，试图通过平塘治理、道路硬化、打井通渠、兴修水利等一系列工程，促进当地农业转向休闲农业、都市农业和现代高效农业等①。受此影响，云村的农业生产也逐渐转变，传统单一的粮食种植结构已转变为依靠大棚设施从事蔬菜瓜果、园林花卉等经济作物的多元化种植，同时，农机、化肥、农药等也被广泛用于农业种植。然而，伴随当地的城镇化，进城务工的村民逐年增多。根据村委会统计，2020年云村留村务农的有160人，年龄多大于50周岁。

（二）传统旱厕：积肥与沤肥

中国北方的传统农村多采用旱厕，将如厕地点直接建于贮粪池之上，无须水冲。这种空间构造体现了传统北方农业生产对屎溺的需要和利用方法，旱厕也由此被嵌入农业生产循环之中。具体到云村，其旱厕形态经历了较多变迁，当前年长村民记忆中的旧式旱厕是猪圈与人厕合二为一的结构，村民称其为"栏"或"圈"（读 juàn）。旱厕通常建在庭院的西南角，以免季风将臭味吹入屋内。栏屋和栏坑是其主要结构（见图1）：栏屋位于北侧，这既是村民如厕的地方，也是猪圈养的场所，无任何间

---

① 山东省青岛市即墨区蓝村镇志编纂委员会编《蓝村镇志》，北京：方志出版社，2018年，第73~85页。

隔[①]，栏屋顶部使用草或瓦块覆盖，以遮挡风雨；栏坑位于南侧，紧靠外院南墙，深度一般在 1.5~2.0 米，用于贮存屎溺，并通过露天方式散发臭味。栏坑的西北角建有连接栏坑与栏屋的石碶台阶，一方面，这可方便村民进入栏坑摺粪；另一方面，这可方便家猪进坑觅食、拱粪，发挥搅拌作用，从而促进粪便发酵。栏坑的临街南墙处通常会留设一个长、宽均约 60 厘米用于清理粪便的"摺粪口"（见图 2），摺粪口的高度通常与地平面持平或略高，平时村民用砖封住摺粪口，仅在摺粪时打开。

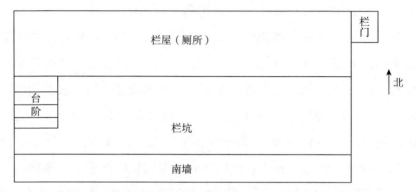

图 1 云村圈厕合一的传统旱厕结构

图 2 摺粪口

资料来源：通讯作者拍摄。

---

① 当地年长的村民说家养的猪性温顺、怕人，人进来如厕时它就老老实实躲在一角。

具有此种结构的旱厕通过积肥、沤肥两个同时进行的过程制造农业生产所需的肥料。平时，村民将多种"废弃物"堆入栏坑，用以积肥。除了人畜粪便、餐厨垃圾、燃尽的草木灰以及田野中的野草等均被视作肥料倒进栏坑。甚至在野草茂盛的夏季，村民一有空闲便出门割草。露天的栏坑容易积攒雨水，而且坑内还混有尿液、生活污水等，由此村民还需不断往栏坑内追加干土，甚至干土能占所积肥料的七成，农家肥也由此被村民称为"土杂肥"。积攒过程中，栏坑内的物质不断发酵，形成了"沤肥"的过程。当地沤肥一般需要 3 个多月的时间，高温的夏季则是沤肥的最佳时节。经过沤肥形成的农家肥则成为云村传统农业种植所需肥料的主要来源。

栏坑积满肥时，即可撂出粪便，但是各户撂粪的频率和时间存在差异。概括而言，人口多、家畜多的农户，粪肥积攒的时间较短，撂粪频率较高；人口少、家畜少的农户，积肥时间略长，撂粪频率较低。但无论存在何种差异，每年冬夏两季村民都要分别撂粪一次，这源于农业生产的需求：夏季撂粪是为即将在秋季播种的冬小麦做准备，冬季撂粪则是为来年春天套种的玉米提供肥料。不过撂粪是个辛苦的体力活，"撂粪口一旦打开了，就得一狠二狠地一天，最多两天弄完"（访谈资料20210827 SWY）。得益于猪的踩踏、搅拌以及积粪中混杂的大量干土等，栏坑内的肥料已经像"干裂的淤泥"一般结实。由此，撂粪时，村民便站在栏坑中，用粪叉从撂粪口撂出粪肥。此外，还需有人在院外清理撂粪口，避免堵塞。撂完后，则需要"码粪"——将堆放在院外街道旁的粪肥堆成"立方体"并晾晒。一方面，晾晒可以杀灭粪肥中的菌虫，"这个鲜粪，你不晒它，使到地里头它招虫子啊，没等庄稼长，虫子就把庄稼苗吃了"（访谈资料20210413SP）；另一方面，晒干后的粪肥也便于运输。在缺少肥料的集体化时期，当地生产大队的会计员甚至会挨家挨户上门测量村民码好的粪堆，并将其折换成相应的工分予以奖励。最终，这些经由旱厕回收、积攒、发酵、晾晒而成的肥料被运送、施撒于农田，为农作物提供了生长所需的肥料，由此旱厕被嵌入农业生产之中。

（三）旱厕的延伸

除了庭院中的厕所，村落外乃至远离乡村的城市也被融入农业生产之中，成为其"延伸的旱厕"。在村落外，拾粪——借助箩筐、粪叉等工具捡拾来自牛、马、骡子等牲畜的粪便——成为肥料匮乏年代里村民的一项必要劳动。农业合作化之前，云村的家家户户备有粪筐。无论是"上坡干活"还是闲暇时间，村民都会背着粪筐，随时随地捡拾粪便。"清早起来天还没亮，我就上（到）村边的沟里去转悠，运气好一早上就能拾半箩，（捡）回来后用在了地里。"（访谈资料20210901SZH）农业生产合作化以后，生产资料归集体所有，村民拾粪的积极性有所下降。到"大跃进"时期，为了实现农业生产全面跃进的目标，拾粪成为一项每日例行的积肥劳动。在村干部的带头下，整个云村大队（包含6个生产队），从80岁的老人到5岁的孩童皆参与其中，捡拾的粪便则被上交并兑换成工分（访谈资料20210901SZH）。

事实上，由于成年劳动力农活繁重，拾粪任务经常落到老人和孩童身上。一位76岁的村民回忆："小时候上学、放学就是拾粪、割草，那zang gan（时候）学校就教育你拾粪，鼓励你（拾粪），拾了粪交给学校，老师找个学生拿着称给你称称，看谁拾得多。到年底，本子、铅笔乱七八糟的就（奖励），我一冬能拾200多斤。"（访谈资料20210902LTK）此外，一些老人还会专门进城拾粪。由于马车是当时主要的交通工具，城市的大街小巷有许多可以捡拾的马粪。"清起来一早天都没亮，没有太多拾粪的，我就上城里拾粪，特别是车站，马车都聚在那，拾粪都上那场（地方）去拾。一清早能拾满满一篓子粪，回来交给生产队，就赚工分。"（访谈资料20210902YJG）

与前述富兰克林·H.金的中国见闻相似，除了前往城市拾粪，云村所在的青岛地区也有城乡之间的粪便交易。1949年以前，当地的粪便贸易已颇具规模：每天早上便有人推着粪车，手握粪勺，满街吆喝，入户收粪。所收粪便则要根据质量区别定价，通常按桶收购。有的收粪者会将所收粪便与干土、炉灰混合，摊成粪饼，晾晒后售往农村；有的则只是负责收集，然后转卖给粪场加工、销售。1956 年，青岛市颁布了《关于粪便统一清除管理办法》①，将私人清理和经营粪便的业务取缔，交由政府设立的环境卫生队统一管理。到了 20 世纪 60 年代，青岛市政府在市北区广饶路、大明路等 8 处通下水道的公用厕所边修建了数座贮粪池，统一投放粪便。同时，政府还在城郊附近开设了数座专门用于晾晒粪便的粪场。不过，面对肥料短缺的状况，当时仍有私人间的交易。"那 zang gan（时候）农村里（人）常上城市里去找人买粪，俺上青岛去推，买人家的还得花钱，使个麻袋装着，再推回来。"（访谈资料 20210413SZX）一些云村村民常常带足一天的干粮，推车步行四十多公里到城市买粪。交往多了之后，村民与城市居民甚至建立了固定的关系，不再需要出钱买粪。就此而言，城市中的厕所也被嵌入农业生产活动，屎溺的利用之道被延展至广泛的区域而形成了循环。

综合上述经验资料，可以发现传统农村旱厕的生态循环之道中，在物化层面，屎溺的贮存、发酵构成了传统旱厕的核心功能，通过积肥、沤肥，无用之屎溺等废弃物被转变为可被农作物吸收、利用的肥料；在社会层面，与农业生产的关联使得农户将屎溺视作有用的肥料而非无用的废弃物，甚至以"惜粪如金"的态度借助市场渠道、社会关系等方式收取城市、田野中的粪便，并进一步通过掌握的技艺完成屎溺的生态利用。虽然将粪便兑换成工分的制度发生于人民公社时期，但在更早些时候，乡村社会也普遍存在"惜粪如金"的传统②，云村案例中村民有空便去拾粪的行为也展现了村民的此种认知。由此，借助上述旱厕的物理结构、相关利用技艺、观念认知乃至制度规定，屎溺被视作有用之物而嵌入生产-生活-生态的循环关系之中，并被延伸至城乡之间，最

---

① 青岛市史志办公室：《青岛市志·卫生志》，北京：方志出版社，2011 年。
② 周星：《道在屎溺——当代中国的厕所革命》，北京：商务印书馆，2019 年。

终形成了有助于农村生态保护及屎溺生态处置的利用之道。

三 厕所再造及其生态后果

然而，伴随农业生产方式及村民生活方式的转变，传统农业生产中的物质代谢过程断裂。云村于20世纪50年代引入化肥，当前强调经济效益的农业模式关注作物的产出效率，见效快、施用方便的化肥成为最佳选择。由此，厕所日渐脱嵌于循环网络，基本丧失了生产功能，而仅保留"藏污纳垢"的作用。同时，与厕所相关的"卫生""文明"等话语进一步改变了厕所的结构，导致卫生间在厕所系统中的地位不断提升。丧失农业生产功能的厕所，其结构也因之发生改变，被村民自发改造。比如在80年代的云村，露天的栏坑被村民增加了覆盖物；不再养猪的村民无须较大的栏屋，面积大大缩小。随后，或由村民自发改造，或受到政府推动的厕所革命的影响，现代水冲式厕所逐渐在云村普及。至2018年该地区的厕所革命宣告完成，云村的传统旱厕彻底消失，由配有三格式化粪池的水冲式陶瓷便器取而代之，这成为家家户户厕所的标准配置。

（一）改造的核心：卫生间

"卫生"话语适时为厕所改造提供了合法性说辞。[①] 1998年，青岛市政府发布了《青岛市爱国卫生工作规定》，将农村厕所改造纳入政府卫生改革工作，云村的厕所革命就此兴起。此时由政府推动的厕所改造与之前村民的自发改造相似，主要围绕栏坑、栏屋展开：一方面，传统旱厕中栏坑的露天结构容易滋生蚊、蝇、蛆虫、病菌等，产生卫生问题，需要改造；另一方面，厕所不再养猪、积粪，栏坑和栏屋闲置区域

---

① 需要指出的是，"卫生"话语由来已久，但是与云村厕所变迁密切相关的说辞则在20世纪80年代才不断展现其对村庄厕所的现实影响。

较大，结构布局需要重新调整。在政府的推动下，更多的村民开始改造自家厕所。比如改革开放后村党支部书记因经营养殖业而家境较为殷实，于 1998 年重建房屋并改造了传统旱厕：新型旱厕由封闭的卫生间和贮粪池组成，卫生间大大缩小，墙壁设有窗户，以通风排味；便池由水泥砌成，呈斜坡状，方便屎溺自行滑落至粪池，一般无须水冲；贮粪池的最大变化在于其位置由传统的院内转为院外，与卫生间隔墙相连，厕所改造中政府要求"贮粪池无渗漏"，因此坑体通常由水泥砌成。在政府推动下，约有 2/3 的农户改造了旱厕。加之之前自发改造的农户，绝大多数农户改造了厕所。不过此时的厕所改造以自愿、自费为主，少数家庭条件较差的农户仍沿用传统的旱厕。

进入 21 世纪，绝大部分村民以改善卫生间环境、提升如厕舒适性为目标改造厕所，甚至少数村民引入了城市普遍采用的冲水马桶，但是院外贮粪池以及屎溺的处理问题被忽略。另外，政府的投入和直接影响也日渐增多，比如青岛市政府在多个文件中相继提出，"按照全国爱卫办①农村改厕技术标准要求……因地制宜地建造适合本地农民使用的无害化卫生厕所"② 以及"到 2017 年底基本实现全市农村无害化卫生厕所全覆盖"的目标③。同时，地方财政还为村民改厕提供补助。云村于2017 年开始通过接通自来水管道而将全部旱厕改为了水冲厕所。由于较高的政府财政补贴，多数村民乐于改造自家厕所，"没有不乐意改的，群众又不花钱，净是国家花钱改的"（访谈资料 20210901SZH）。根据统计，2017 年云村参加水厕改造的总户数达 317 户，占总数的 95%，政府投入资金约 35 万元。除少数闲置空屋及老旧房屋外，其余农户均完成水厕改造。2018 年 3 月，云村又对剩余未改厕的农户进行补充改

---

① 即全国爱国卫生运动委员会办公室。

② 《关于推进"十二五"农村改厕工作的通知》，http：//www. qingdao. gov. cn/zwgk/zdgk/fgwj/zcwj/zfgb/n2012_5/202010/t20201025_1752050. shtml，最后访问日期：2024 年 8 月 2 日。

③ 《青岛市美丽乡村标准化建设行动计划（2016—2020 年）》，http：//www. qingdao. gov. cn/zwgk/zdgk/fgwj/zcwj/swgw/2016ngw_5449/202010/t20201023_828740. shtml，最后访问日期：2024 年 8 月 2 日。

造，最终于 7 月全部完成。

与旱厕相比，当前云村厕所最突出的不同在于卫生间的构造。"陶瓷蹲便器+水箱"成为云村多数家庭卫生间内的组合设施，取代了旱厕中有斜坡结构的便池，也有部分村民自费将蹲便器更换为坐便器。卫生间的整体环境也得到进一步改善：基于原卫生间的密闭结构，不少村民加装了换气扇，原来的沙土地面也变为水泥硬化地面，甚至部分村民还在地面和墙体铺设了瓷砖。家中厕所的位置也发生了改变，当前已无明确的位置限制。而且随着人们对如厕便利性需求的增长，在居室内增建厕所已成为云村改造房屋的一种潮流。村民还进一步从主客关系区分厕所：庭院的厕所多为客用，居室的厕所主要供家庭成员使用。

此外，卫生间也不再是单纯的如厕地点，而是承担着越发多样的生活功能，成为村民现代生活的重要载体。比如与城市相似，约有 70%的农户将卫生间与盥洗室结合，在其中安装了梳妆镜、洗手台、洗衣机、淋浴设施等，由此可实现在卫生间内盥洗。故而，丧失了生产功能的厕所进一步摆脱了"脏、臭"的意涵，卫生间也取代了栏坑。

（二）厕所再造的生态后果

然而洁净的卫生间并不意味着厕所-生态关系的改善，相反，代谢过程的断裂衍生了诸多问题，这首先表现为屎溺的处置。根据规划，屎溺处置包括初步的无害化处理和终端的净化排放或资源利用。其中，无害化处理主要借助位于院外的三格式化粪池完成（见图 3）。它由三个相连的粪池组成，整体由砖砌成并用混凝土浇筑硬化，以防渗漏。其顶部覆有井盖，毗邻的两个粪池则由粪管连通，屎溺依次流经三个密闭、缺氧的粪池从而完成沉淀、杀菌、腐熟等无害化处理过程。具体而言，与卫生间便池相连的粪池主要用于屎溺的初步杀菌、发酵；中间的粪池用于再次发酵，确保屎溺充分腐熟；最后的粪池则是贮粪池，用于储存腐熟的屎溺。由于屎溺在腐熟过程中会产生可燃气体，因此第一格化粪池通常建有排气管（见图 4）。根据规划设计，经无害化处理后的屎溺可作为肥料用于农业生产，也可借助抽粪车将屎溺运送至街道污水处理厂集中处理。

图 3　三格式化粪池结构

资料来源：通讯作者拍摄。

图 4　化粪池及其排气管

资料来源：通讯作者拍摄。

设计初衷在于积粪还田的三格式化粪池被国内多个区域的乡村厕

所革命采用，成为无害化卫生厕所中占比最高的类型[①]，然而在现实使用中，三格式化粪池却未能实现其设计初衷。在最直接的技术成因方面，水冲厕所的方式导致化粪池中的含水量大增，经水稀释后，屎溺作为肥料的使用价值大打折扣，无法满足农业生产的需要。[②] 另外，与水冲式如厕设施的使用同步，村民也开始使用洁厕灵、消毒液等化学制剂清洗蹲便器。对于混合了多种化学物质的屎溺是否可以用作肥料，村民普遍有顾虑。"现在那粪便不像以前，每家都用洗涤剂、84消毒液，乱七八糟都有。你想，倒地里的话，种出来的农作物哪还敢吃啊？像俺家那些粪便，浇菜从来不使。"（访谈资料20211116SHG）不过，三格式化粪池未能充分发挥设计功能的根本原因仍在于当前的农业种植已很少使用粪肥。一位种植户谈到其种植油菜期间通常需要施肥2~3次，播种前他会首先将复合肥用作"基肥"埋入土中，然后根据油菜长势，灌溉时添加水溶肥。附近其他的大棚种植户也无人将人类屎溺作为肥料，甚至豆壳、中药残渣、鸡粪、猪粪这类有机肥也很少使用。[③] "你不知道啊，现在冲的这些肥料叫冲施肥，那些营养液似的，兑水冲上，又是腐殖酸又是什么的，都用这个了现在，不用那些东西（粪便）了，嫌脏啊，嫌脏还费事。"（访谈资料20220227ZMM）

由此，化粪池中屎溺的处置成为难题。因距城镇中心较远，当前云村无法通过排污管道将屎溺输送至污水处理厂，而只能依靠抽粪车清理粪便。2020年蓝村街道办招标委托相关公司每年为改厕农户提供3次免费清粪服务，但是当前已改为一年2次，2次之后则按照40元/次的标准收费。然而水冲厕所的大量用水加快了化粪池的满溢速度，需要清理的频次远超过一年2次。"现在都不敢冲，要真使水冲，抽更多，

---

① 张玉、吕明环、徐明杰、李敖、施云鹏、李亚惠、范彬：《三格化粪池厕所的功能定位及在农村改厕中的应用误区》，《农业资源与环境学报》2021年第2期。

② 张玉、吕明环、徐明杰、李敖、施云鹏、李亚惠、范彬：《三格化粪池厕所的功能定位及在农村改厕中的应用误区》，《农业资源与环境学报》2021年第2期。

③ 其他地方的农业种植中有使用鸡粪的情况，比如在寿光等地的调查中发现，有农户会购买鸡粪作为"基肥"，当地更有数个鸡粪交易市场。

几天就满了，有的一个多月就满了。"（访谈资料 20211116LBG）对于村民而言，为节省开支，他们在改厕后便尽量少用或不用水冲厕所。多数村民则雇用收费更低的个体户清理粪污。这些个体户多是附近村庄自行购买抽粪设备的村民。更低的收费价格则是因为他们往往将抽出的屎溺随意倾倒至村庄附近的荒野，节省了屎溺处置成本。暴露于乡间荒野的屎溺滋生了许多蚊、蝇、蛆虫等，附近更是臭味弥漫，引发村民的强烈不满①，但是随意倾倒的行为屡见不鲜。

另外，与传统粪肥被弃置不用及其引发的生态问题相比，因代谢断裂而存在肥力危机的工业化农业却愈益依赖化肥等资源的大量投入，并衍生了因化肥等过量施用所带来的土壤板结、农业面源污染、农产品质量安全等问题。前述云村厕所生产功能终结的过程展现了化肥被广泛施用的状况，与之同时，因化肥的过量施用，当地的农业生产也存在上述种种问题。"如果这个地种得时间长了的话，就板结、不宣和（软和）了。我觉得吧，就像我们种油菜，它从开始种，一个月就能收割，然后再继续种。可能它这个时间比较短，它跟种那个玉米不一样，种玉米的话时间比较长，化肥可以散得开。我估计可能就是种这个（油菜）时间太短了，一个月就能收，收完之后你还要再继续撒上化肥，可能就是这个原因。"（访谈资料 20220227ZMM）甚至面对依赖大量化肥等资源投入而生产的农产品，村民表示"不吃"，并在自家院中辟出小块土地，种植供自家日常食用的蔬菜等。"大棚种的菜全发走了，他自己不吃，他自己个块（自个找一块地方）种着。这不我种着地，家里他爸妈、他姑，都吃我种的菜，一般都不去买菜吃。"（访谈资料 20211117 SXY）而部分租种大棚的外地种植户则会购买本地村民在自己庭院种植的未打药的蔬菜，访谈中一位 80 多岁的云村村民曾提到："别看那些人天天种棚，吃的还是我种的菜呢！"（访谈资料 20220227SWJ）

---

① 颇为有趣的是，有着强烈不满的村民却在明知个体户很可能会随意倾倒的情况下，仍雇用其为自家抽粪。或许这与邻避冲突的逻辑一致，即不要在我家后院，其他任何地方均可。

审视云村厕所的变迁，当前已经完成的厕所革命仍主要遵循"卫生之道"。虽然新的厕所形态有着三格式化粪池的空间结构，但是对"生态循环之道"的忽视导致相关构造并未发挥应有的作用。一方面，从设计理念而言，发挥屎溺的生产功能，将其嵌入生产-生活-生态的循环关系，未能成为指导厕所改造的理念和原则。冲水马桶的方式及多功能的卫生间着眼于厕所的卫生化及生活功能，而忽略了屎溺的生产功能，使得包含大量水分的屎溺并不适合充当农作物生长所需的肥料。另一方面，在现有政策的具体执行中，屎溺的处置也缺乏周全的政策保障和监管措施，忽略了处置不当带来的生态影响。正如案例资料所呈现的，初始政策方案对粪污清理考虑不足，导致改厕后的屎溺难以处置；而相关部门对屎溺被随意倾倒行为也缺乏监管，进一步加剧了屎溺处置的问题，衍生了更为严重的生态后果。

四 结语："屎溺之道"

多数关注厕所的研究往往提到庄子所言"道在屎溺"，然屎溺之道既在于卫生健康、个人私密乃至人际关系间的文明相处，也在于人类社会如何面对、处置屎溺。传统云村以屎溺的利用为核心，围绕积肥、沤肥构造旱厕系统，形成了屎溺的生态利用之道。然而，随着社会的变迁，屎溺也即厕所的生产功能被消解，生活功能凸显。另外，在卫生话语等因素的影响下，卫生间取代了栏坑，已无生产价值，甚至造成经济负担的屎溺被随意倾倒，衍生了种种生态问题。因此，探寻屎溺之道，既需要从人的健康角度关注卫生问题，也需要从生态的视角审视屎溺的处置之道。

云村厕所变迁的案例则为构建屎溺的生态处置之道提供了启示。在理念层面，遵循生产-生活-生态的循环关系是将屎溺"变废为宝"的关键。马克思提出的代谢理论和我国传统文化中的圜道观均强调了循环方式对于生态保护的意义，而我国数千年农业实践对土壤的保护现实以及屎溺的处置之道也证实了这一点。在物化层面，基于生产-生活-生态的循环关系建造厕所尤为必要。案例中，旱厕、栏坑的构造有助于屎溺经过积肥、沤肥的过程而转换为粪肥，避免了冲水马桶引发的水分较多、难以利用等问题。在技术层面，以屎溺利用为目标的技术措施有助于屎溺的生态化处理。人民公社乃至更早时期，村民掌握着积肥、沤肥、晾晒等技术，最终将屎溺转化为粪肥；但是新的厕所形态仅体现为建造了三格式化粪池，并依赖城市污水处理厂处置屎溺。我们可暂且不论城市中的污水处理厂能否处置村庄的屎溺（实际上，城市污水处理厂自身便面临难以处置的生态问题：当前污水处理厂净化处理后剩余的污泥难以处置，至 2020 年底我国城市污泥的产量已达到1162.77 万吨)①，更为重要的是，需要在社会层面建立保障循环关系运转的制度规范。早期云村因肥料的缺乏而形成了"惜粪如金"的非正式规范，人民公社时期则有着以粪肥兑换工分的正式制度，这些广义上的制度规范保障了循环关系的运转，甚至形成了城乡之间的连接。然而当前依赖市场清运屎溺的处置方式缺乏相关制度的约束，也缺少相关主体的监管，进而造成了屎溺被随意倾倒等生态问题。

基于上述发现审视当前国内的厕所改造，笔者认为，需要围绕上述层面，基于生产-生活-生态循环的原则，完善厕所的结构，改变水分、杂物较多的状况，方便屎溺的生态利用。同时，应当在当前社会现实的约束下，进一步完善屎溺的利用技术和处置网络，并借助市场等主体开拓屎溺的回收模式，建立处置企业、政府、农户等相关主体之间的合作关系。最后，还需相关主体加强对农村环境的监管，保证屎溺的生态利用，终而形成当代的屎溺利用之道。

---

① 何云：《新时期城市污水处理厂污泥的处置与综合利用》，《资源节约与环保》2022 年第7 期。

农民参与乡村环境治理：何以可能、何以可为？

——以皖南 S 村厕所升级改造为例[*]

吴金芳[**]

摘　要：农民参与是农村环境善治的关键，而农民的有效参与是政府引导与乡村自治交互作用的结果。本文通过对 S 村厕所升级改造案例的研究发现，仅由地方政府主导村庄厕所升级改造，农民视角缺失加之行政化动员的悬浮，导致厕所治理实践与乡村生产、生活系统及地方文化之间脱节，农民参与消极。政府适度放权与有效引导是农民参与的基础，通过识别与诊断农民多样化厕所改造需求—吸纳关键反对力量—整合普通农民参与意愿，地方政府成功动员农民参与。基于案例经验，营造适宜农民参与的微观社会环境是实现农民参与常态化的关键。回归以民为本的治理理念，培育农民参与自觉；优化环境治理结构，坚持政府引导与农民自治相结合，保障村民合理参与空间；发挥乡村精英、熟人社会、面子、人情等因素在农民参与动员中的优势，借助非正式治理机制，提升农民参与组织化程度；增加多样化、本土化的小微农村环境治理技术供给，用技术赋能农民参与。把握农民环境参与行为发生与扩散的社会机制，有助于更好地认识与推动农民参与环境治理。

关键词：农民参与　环境治理　厕所改造　乡村精英

---

[*]　本研究是国家社科基金项目"乡村振兴战略背景下公众参与农村环境治理的社会机制研究"（项目编号：18BSH069）的阶段性成果。依学术惯例，文中地名、人名已做匿名化处理。

[**]　吴金芳，安徽师范大学法学院副教授、硕士生导师，研究方向为环境社会学。

一　农村环境治理中的农民参与难题

在乡村振兴和生态文明建设的大背景下，农村环境治理工作正发生着历史性和全局性的变化。2018 年启动的第一轮农村人居环境综合治理活动扭转了农村环境脏、乱、差的局面，基本实现了村容村貌整洁有序，但农村生态环境总体质量不高，与国家农村生态现代化发展及农民生活对高质量生态环境的诉求仍有差距。2021 年，国家发布《农村人居环境整治提升五年行动方案（2021—2025 年）》，全面提升环境治理质量与构建农村环境治理长效机制是此轮整治的焦点，农村环境治理正从过去的重数量、重速度、重外表转向重质量、重实效、重内涵，这也意味着农村环境治理进入"攻坚期"。提升农村环境治理的社会参与，特别是农民的主体化参与，为乡村环境善治提供不竭内生动力，是推动农村环境治理常态化与高效化、实现农村环境治理提质增效的关键。

农民是农村社会的真正主体，农村环境善治离不开农民的有效参与。保障农民环境治理的主体地位，是国家宏观环境治理政策多次予以强调的。2018 年中共中央办公厅、国务院办公厅印发的《农村人居环境整治三年行动方案》强调，坚持"村民主体、激发动力"的基本原则，农村环境整治的优先顺序和整治标准应在尊重农民意愿的基础上，依据农民需求合理而定。2021 年，《农村人居环境整治提升五年行动方案（2021—2025 年）》重申农村环境治理"坚持问需于民，突出农民主体"。2023 年生态环境部重新修订《公民生态环境行为规范十条》，国家积极引导公民成为生态文明和美丽中国的践行者、建设者及监督者。2024 年"中央一号"文件再次重申深入开展农村人居环境整治提升行动，完善农民参与和长效管护机制。与政府宏观政策引导相呼应，学界也从学理层面诠释了农民主体性地位的重要性。农民天然"在场"的特点，决定了农村环境治理"不能让农民靠边站"，[①] 生态环境治理归根结底是为了农民，也应由农民做主，使农民获益，[②] 农民有效参与是农村环境善治的基础和前提。[③] 在政策和理论层面，农民参与环境治理已成共识，但在基层农村环境治理实践中，农民主体性参与的问题并没有得到很好落实，农民常常被边缘化，参与也多流于形式，如"沉默的大多数"[④][⑤]、"观望式参与"[⑥] 和"被动式参与"[⑦] 等。

针对农民主体性参与不足的现实困境，学界多倾向于从批判性视角给予解释。首先，从环境治理结构看，行政本位常被视作农民参与不足的结构性原因，行政本位压缩了社会力量的参与空间，导致农民的去主体化、边缘化与客体化，[⑧] 农民参与机会不足，环境话语权表达渠道不畅，制约了农民环境治理参与的有效性。[⑨] 另外，行政本位还容易导致农村环境治理实践的悬浮化和内卷化、地方环境治理内容去生活化，削弱农民参与积极性。[⑩] 其次，需从乡村社会及农民内部视角反思农民参与困境。改革开放以来，乡村社会的去主体性及去组织化侵蚀了农民合作自治的社会基础，[⑪] 乡村社会的流动性、空心化及农村社会资本的

① 韩喜平：《农村环境治理不能让农民靠边站》，《农村工作通讯》2014 年第 8 期。

② 王春光：《关于乡村振兴中农民主体性问题的思考》，《社会发展》2018 年第 5 期。

③ 于华江、唐俊：《农民环境权保护视角下的乡村环境治理》，《中国农业大学学报》（社会科学版）2012 年第 4 期。

④ 冯仕政：《沉默的大多数：差序格局与环境抗争》，《中国人民大学学报》2007 年第 1 期。

⑤ 李尧磊、李春成：《农村环境污染中"沉默大多数"现象何以发生？——基于河南省 X 县 H 村的个案调查》，《湖北行政学院学报》2022 年第 2 期。

⑥ 杜焱强、刘诺佳、陈利根：《农村环境治理的农民集体不作为现象分析及其转向逻辑》，《中国农村观察》2021 年第 2 期。

⑦ 康红梅、梁秀丽、尹丹妮：《乡村振兴背景下农民参与环境治理的主体性问题研究——以贵州省为例》，《贵州民族大学学报》（哲学社会科学版）2022 年第 4 期。

⑧ 卢丛丛：《行政替代自治：乡村振兴背景下乡村建设的实践困境》，《地方治理研究》2022 年第 4 期。

⑨ 林卡、朱浩：《嘉兴市环境治理制度创新及其启示——基于程序正义和公众参与视角》，《湖南农业大学学报》（社会科学版）2016 年第 4 期。

⑩ 郑泽宇：《农村环境简约治理：内涵机理和实践路径》，《学习与实践》2024 年第 1 期。

⑪ 吴重庆、张慧鹏：《以农民组织化重建乡村主体性：新时代乡村振兴的基础》，《中国农业大学学报》（社会科学版）2018 年第 3 期。

萎缩，削弱了农民参与环境治理的社会根基。① 最后，农民自身的个体化与理性化也会引发农民环境治理参与内驱动力不足。要化解乡村环境治理中的农民参与难题，就需要从根本上优化乡村环境治理结构②，吸引农民参与，"带回农民主体性"，③ 农民主体性实质是农民在农村政治、经济、社会、环境等方面拥有主导权、参与权、表达权等。④ 发挥农民主体性，可采取国家嵌入的方式，改善国家与农民之间互动关系，⑤ 采取参与式治理，⑥ "多元治理"，⑦ "协同治理"，⑧ 化解国家与地方社会环境治理之间的张力，给予地方基本自治空间，实现国家与农民的合作。⑨ 从社区层面看，社区是环境治理发生的具体情境场域，坚持社区本位，⑩ 重视社区内生动力的激活和社区发展能力的培育，夯实农民参与的社会基础。⑪ 发挥社会组织、社会资本、乡村精英等要素在提升农民参与组织化程度及参与能力方面的积极作用；⑫⑬ 发挥农村社区

---

① 吴金芳：《嵌入与发展：绿色农业成功运行的地方实践——基于皖中 W 村的案例对比研究》，《中国矿业大学学报》（社会科学版）2022 年第 3 期。

② 黄森慰、唐丹、郑逸芳：《农村环境污染治理中的公众参与研究》，《中国行政管理》2017 年第 3 期。

③ 王进文：《带回农民"主体性"：新时代乡村振兴发展的路径转向》，《现代经济探讨》2021 年第 7 期。

④ 王春光：《关于乡村振兴中农民主体性问题的思考》，《社会发展研究》2018 年第 1 期。

⑤ 蒋永甫：《农村环境治理中政府主导与农民参与良性互动的实现路径——基于行动的"嵌入性理论"视角》，《云南大学学报》（社会科学版）2021 年第 5 期。

⑥ 于水、鲁光敏、任莹：《从政府管控到农民参与：农村环境治理的逻辑转换和路径优化》，《农业经济问题》2022 年第 8 期。

⑦ 张志胜：《多元共治：乡村振兴战略视域下的农村生态环境治理创新模式》，《重庆大学学报》（社会科学版）2020 年第 1 期。

⑧ 李宁：《协同治理：农村环境治理的方向与路径》，《理论导刊》2019 年第 12 期。

⑨ 沈费伟：《农村环境参与式治理的实现路径考察——基于浙北荻港村的个案研究》，《农业经济问题》2019 年第 8 期。

⑩ 陶传进：《环境治理：以社区为基础》，北京：社会科学文献出版社，2005 年，第 10 页。

⑪ 蒋培、李伟红：《农村生活垃圾分类长效机制建设的社会基础》，《华中农业大学学报》（社会科学版）2023 年第 5 期。

⑫ 王亚华、高瑞、孟庆国：《中国农村公共事务治理的危机与响应》，《清华大学学报》（哲学社会科学版）2016 年第 2 期。

⑬ 宋言奇：《苏南地区生态转型下社会"自组织"的演变与思考》，《环境社会学》2023 年第 1 期。

规范及村规民约等地方文化对农民参与行为的引导与约束作用，提升农民环境治理参与认同度。①② 社区环境自治最终要落实到居民个体参与行为的发生，总的来说，要回应农民真实环境治理需求，把生活视角带回乡村环境治理，③④ 提升个体与地方环境之间的关联度，⑤ 提升农民环境治理参与自觉度。另外，考虑到环境治理技术兼具工具性与社会性，⑥ 增加精细化环境治理技术供给，尊重乡村环境治理的复杂性与多样性，提升环境治理技术的社区适用性，用技术赋能农民环境治理参与。⑦

综上所述，既有研究强调了环境治理结构、农村社区自治、农民主体性等因素对提升农民环境治理参与度的积极影响，但仍存在拓展空间。一是从整体性和系统性视角理解农民环境治理参与行为的研究不多。地方政府要跳出就环境谈环境的狭隘治理思维，重视农民日常生活的整体性，尊重乡村生产-生活-生态三者之间的内在关联性，从乡村生产、生活系统中去理解农民的环境治理参与行为。二是从农民及农村社会内部视角理解农民环境治理参与行为的研究较为单薄。目前，国内对农民环境行为的研究主要是从农民在环境治理中所处的结构性位置去理解农民环境参与行为，容易导致对行动者能动性及具体行动情景

① 张金俊：《乡村文化、乡村发展与政府认同：基于环境治理的结构与文化分析》，《环境社会学》2022年第2期。

② 汪国华、杨安邦：《农村环境污染治理的内生路径研究：基于村庄传统文化整合视角》，《河海大学学报》（哲学社会科学版）2020年第4期。

③ 唐国建、王辰光：《回归生活：农村环境整治中村民主体性参与的实现路径——以陕西Z镇5个村庄为例》，《南京工业大学学报》（社会科学版）2019年第2期。

④ 朱战辉：《生活治理视域下农村人居环境治理路径与机制分析》，《地方治理研究》2023年第1期。

⑤ 陈涛、郭雪萍：《显著性绩效与结构性矛盾——中国环境治理绩效的一项总体分析》，《南京工业大学学报》（社会科学版）2020年第6期。

⑥ 王芳、曹方源：《迈向社区环境治理体系现代化：理念、实践与转型路径》，《学习与实践》2021年第8期。

⑦ 王泗通、闫春华：《数字技术赋能下的乡村环境治理现代化》，《现代经济探讨》2023年第12期。

的漠视。① 从农民及农村社区内部角度理解农民环境治理行为的研究成果较少，且解释力较弱。三是现有研究对农民环境治理参与行为发生与扩散的动力机制及微观过程关注不足。既有研究较为关注农民参与的价值、农民参与缺失的弊端及原因，但较少研究能够深入农民参与行为发生的微观场域，深入探究农民参与行为发生与扩散的条件、过程及规律。

环境治理参与本质上是在多主体间达成治理共识，催生合理、科学、有效的集体行动，而农民的广泛参与是乡村环境治理降本增效的重要条件。实际上，农民环境治理参与行为的发生受特定社会结构、社会文化、社区建设、主体间互动状态等诸多因素制约，是微观日常生活实践中行动者的动机和权宜性选择的结果，具有很强的情境-过程性。② 鉴于此，本文尝试从乡村生活的整体性出发，引入过程性视角，借鉴过程性视角来重新审视事件的时间性、事件的濡染和扩散效应，关注行动者的回应性选择和互动的优势;③ 通过深入乡村社区内部进行案例调查，还原乡村生活中农民环境参与行为发生、发展的微观动态过程，农民环境治理参与行为扩散的方式及效果;从乡村社会内部及农民的视角，认识与理解农民环境治理参与行为发生的微观社会过程;从能动性、动态性及事件过程中把握农民参与行为，归纳农民环境治理行为发生的社会条件，探究农民环境参与行为发生的社会机制，进而尝试回答农民参与环境治理"何以可能、何以可为"的问题。

本文运用的资料源自笔者 2020 年以来对安徽皖南 S 村的田野跟踪调查。S 村地处皖南 T 镇，是一个典型的以江南水乡为主要特色的旅游村落，村庄耕地面积 1500 余亩，共有 186 户 720 余人。除了本地村民，

①　陈涛：《环境治理的社会学研究：进程、议题与前瞻》，《河海大学学报》（哲学社会科学版）2020 年第 1 期。

②　张国磊、苏柄润、张燕妮：《政府动员、社会响应与农村环境治理差异化——基于粤西 M 市的调研分析》，《西北农林科技大学学报》（社会科学版）2024 年第 1 期。

③　严飞：《历史图景的过程事件分析》，《社会学评论》2021 年第 9 期。

乡村旅游还吸引大量外来人口入村。2021年底，S村所在的旅游景区年接待游客约30万人。① 历史上，S村村民的主要生计方式是种植水稻、莲藕，养殖鱼虾等。近年来，随着乡村旅游业的发展，村民生计方式日益呈现多样化。现今，村民们多从事观赏性荷花种植、特色水产养殖，还有20余户村民经营农家乐、旅游民宿等。从生态环境来看，由于旅游业发展的需要，S村的乡村环境治理起步较早，整体生态环境优于周边一般乡村，但近年来，因大量旅游人口进入乡村，村庄生活污水污染问题日益凸显。2021年，T镇政府启动了核心景区村庄的生活污水排放集中整治工作，将乡村生活污水运往镇污水处理厂集中处理。但是村民参与积极性不高，甚至一度消极抵制，随后地方政府转变治理思路，村民参与积极性逐步提高。

二 乡村厕所升级改造中政府的"热"与农民的"冷"

（一）地方政府"热"推厕所升级改造

因旅游发展的需要，T镇一直是县里环境治理的"明星镇"，而S村位于景区的核心位置，是T镇的环境治理"明星村"，因此，S村环境治理工作早于其他村落。S村早在2010年就已经完成农户厕所的卫生改造，当时地方政府启动了以改善村容村貌为主要内容的"三清四改"项目，其中就包括农户厕所的卫生改造。② 近年来，因乡村旅游业的蓬勃发展，进村游客增多，一些农户纷纷开办农家乐和民宿。村庄中住的人多了，日常粪污及生活废水排放随之增加，一些农户化粪池污水常年外溢，尤其是每年的七八月份，大量游客涌入村庄，生活污水排放陡增，景区水系污染风险加大。为妥善处理村庄的生活污水问题，2021

---

① 相关数据来自2022年7月对S村党委书记T先生的访谈。
② 2010年，在镇政府推动下，S村实施了以"三清四改"（清垃圾、清淤泥、清路障，改厕、改圈、改灶、改院）为主要内容的环境综合治理项目，其中"改厕"的主要做法就是为农户配装抽水马桶，户外配建三格化粪池，农户日常生活污水及粪便都排入三格化粪池。

年，S村生活污水治理问题被列入T镇政府环境治理年度"任务清单"。为契合T镇生态旅游产业发展及县"国家生态文明建设示范县"、"绿水青山就是金山银山"实践创新基地建设的需要，T镇政府计划将"生态"作为S村生活污水治理的主要创新点，将其打造成"县厕所革命升级的样板村"。镇政府计划雇用第三方公司定期抽取农户化粪池污水，再运往镇污水处理厂集中处理。厕所升级改造费用由地方政府、负责景区运营的旅游公司和农户三方共同分担。政府和旅游公司主要负责前期基础设施的投建费用，政府承担普通农户化粪池修建与扩建费用，每户500元，旅游公司承担景区旅游公厕升级改造费用。普通农户承担后续日常运行费用，农户依据污水排放量向第三方公司支付污水处理费用。总的来说，T镇政府启动S村厕所升级改造项目，既有现实的环境治理压力，即解决旅游村的生活污水治理难题，也有地方政府探索乡村环境治理创新、寻求政绩的考虑。

2021年3月，厕所升级改造项目启动后，T镇政府通过村广播每天早晚两次在村里喊话，宣传农村厕所升级改造的好处，随后又发动镇干部直接进村宣讲或召开群众动员会。2021年4月，镇政府又提高了动员强度，要求镇、村干部包干入户动员，镇、村干部不分白天和黑夜地跑，反复游说农民积极参与。

（二）农民回应冷淡

政府的治理方案实际推行过程并不顺利，多数农户回应冷淡，参与消极。政府组织召开集体动员会，多数村民不愿参加，少数被动员来的村民也是"走过场，听完就走"。面对入户反复游说的干部，农户也多是"含着话不表态"。T镇政府动员一月有余，收效甚微。农户参与积极性不高，政府主导的厕所升级改造项目陷入停滞。

总体来看，对厕所升级改造方案不认同是农户参与消极的直接原因。一方面，政府推行的厕所升级改造方案成本太高，增加了农户的日常生活负担，损害了多数农户的直接经济利益。此轮厕所升级改造由T

镇政府发起并主导，但因政府项目配套资金有限，在方案设计时借鉴了城市生活污水治理排污者付费的思路，向农户收取排污费用，农户需承担后续日常运营成本。农户对排污缴费顾虑较多，农户认为政府把村里的粪污集中转运至镇里处理的方法"太折腾，太烧钱"，一旦自己配合政府参与改造，日后项目进入常态化运营，农户只能被动支付较高的污水处理费，农民无法接受"以后上个厕所还要交钱"。另外，村委会对向村民收费也有担忧。实际上，自农业税费改革以后，地方政府和村委会几乎不再向农户收取费用，村委会深知农户的钱不好收，且可能有损干群关系。除了经济利益方面，农户在其他方面也不认同政府的厕所升级改造方案。T 镇政府面向农户宣传的是"生态"治污，但多数农户认为"农村的粪，应按照农村的办法来对付"，把村里的粪污集中运到镇里的处置方法并不"生态"。老年农户基于多年的农村生产生活经验持反对意见。按照他们的知识和认知，粪便是天然的肥料，把村里粪便集中到镇污水处理厂的做法是"假生态"。一些有见识、有经验、懂政策的中年农户，如村里从事生态荷花种植的莲农们，则认为 T 镇政府厕所升级改造的做法，偏离了农村生产生活实际，也有悖于国家农村环境治理倡导资源利用的精神，反而是"不生态"的做法。

其实我们是支持政府搞厕改的，但是把村里的粪水拉到镇里，太烧钱了，我觉得这个东西搞不长。另外，让农户自己掏钱把化粪池的粪吸走，大多数人家肯定不愿意。村里老年人多，他们平时生活没什么污染，怎么能收他们的钱呢？再讲，村里的老人家哪个又舍得出这个钱？还有农民的钱你能收上来？这个村干部心里清楚得很，钱最后很可能要从我们这些人头上出的。另外，农村的环境还要按农村的实际来治理，粪还是最好用起来。多数老百姓不赞同政府的这种做法，粪就是肥，浪费了可惜啊！我看在村里住的基本都种菜。老人们都种点本地蔬菜，自己吃，我们开农家乐也有种菜的，游客口味要求高，本地新鲜蔬菜烧出来的味道才好。（农家乐

经营户 Z 先生访谈，2021-8-3）

不合理的厕改方案降低了农民的参与认同度，而 T 镇政府行政化的动员方式更是无法将农户有效组织起来。2021 年 3~4 月，T 镇政府及村委会的宣传动员力度较大，但多以自上而下的行政化的方式进行，如广播宣传、召开群众动员会及镇干部进村包干入户等。但是这种行政化的动员方式实际上是一种单向的自上而下的信息输入，镇干部和村干部是信息传递的主体，农户只能被动接受政府的信息输入，村民的话语无法向上传递，缺少了官与民的互动，缺乏弹性。另外，随着乡村干部的年轻化、高学历化，一些基层干部或因缺乏农村生活经历，或基层工作经验不足，往往不适应农民重人情、重面子的交往方式，不了解农民的社会交往心理，导致工作方式流于形式，动员效果差。政府行政化的动员方式没能真正嵌入乡村内部，政府需要面对无组织、分散的单个农户，动员效率低，进一步降低了农户参与积极性。

调查人员：3 月份镇里干部到你们家动员，你怎么不表态啊？

村民 A：表个啥态？厕改是公家的事，跟我们老百姓没关系。

调查人员：你们不配合，他们没法推进啊。

村民 B（村民 A 的丈夫，担任了 30 余年的生产队长/村民小组长）：这个厕改方法不符合农村实际，镇里年轻的干部也不懂农村工作方式。来我家那个小伙子是个退伍军人，没什么农村经验。

村民 A：我后来听村里妇女主任讲，是她让他先到我家的，妇女主任告诉他我们家（那位）是老队长，最好先把我家说通。但那个小伙子一进门，我家那位刚好从地里回来，穿的旧衣服，搞得一身灰，看着又黑又糟的。小伙子看了一眼后，他认为这个老头子肯定不行，（他）一点礼貌都没有，都没喊个老人家什么的。他这样瞧不起人，我本来又不认识他，也用不着对他客气，我就说我们马上要到地里干活去，他就走了。

调查人员：这个小伙子要怎么样做，你们才会支持他呢？

村民A：政府要老百姓配合，最起码要尊重老百姓。他要是喊我声"老人家"，"你看我们天天跑也不容易，你们就多支持一下，我下次就少跑一家了"。他要是这样说，我还能说什么呢？（村民A及家人村民B访谈，2022-10-3）

总之，S村厕所升级改造过程中之所以出现政府"热"与农户"冷"的明显反差，主要是因为环境治理政策方案的不合理及政府行政化动员方式的低效。实际上，S村的厕所升级改造是地方政府自上而下主动干预、调节和改变村民生活方式的一次尝试。然而地方政府的干预会给农户生产生活带来诸多复杂影响，厕所升级改造并不单是改变农户厕所的物质形态与稳固的生活方式，还会影响农户的切身经济利益，甚至会对农户已有的文化认知带来冲击。农民态度冷淡，本质上是农民在乡村环境治理中主体地位缺失后的一种消极环境话语表达。[①] 地方政府在主导农村环境治理时，要吸引农民有序参与，要让农民真正参与进来。就村庄厕所粪污怎么处理等具体问题，需倾听农民真实意见，协调好各方利益关系，优化政府治理方案，让农民从内心认同政府治理方案，达成治理共识。在此基础上，地方政府还需要做好组织动员工作，让多数农民真正参与进来是地方政府厕所升级改造项目顺利推进的前提。

三 研判、吸纳与整合：政府动员农民参与的过程

2021年6月，为保证厕所升级改造的顺利推进，T镇政府调整了项

---

① 司开玲：《环境治理中的"沉默"之声——以秸秆禁烧中的农村社会为例》，《环境社会学》2023年第2期，北京：社会科学文献出版社。

目负责人，工作的思路也发生了改变。为争取村民的认同和参与，保证项目的顺利推进，T镇政府将村民的动员工作分成三个阶段：研判分歧；吸纳关键力量，共商治理方案；"意会"式动员，即采用社会化动员，以乡村精英为抓手，在普通农民中快速完成参与行为的扩散。

（一）研判分歧：谁在反对，为什么反对

倾听村民意见，查找问题症结。T镇政府借助村委会、荷花协会①等乡村自组织力量，对村民意见进行"摸底"。T镇政府牵头召集村两委成员、荷花协会骨干成员、乡村精英等基层关键治理力量召开讨论会，收集村民对厕所升级改造的需求、意见。村两委成员和荷花协会成员在村民中有很高的威望，他们也最为熟悉村庄情况，在村两委和荷花协会的帮助下，T镇政府很快判断出不同类型村民对厕所升级改造的态度，并厘清村民反对的原因。

首先，老年农户的反对声音最高，老年农户之所以反对，既有经济理性的考量，也有文化认知的原因。村里多数老人是"一户两厕"：抽水马桶仅在春节时短暂使用，老人平时更爱使用传统茅厕。使用传统茅厕，一是生活习惯使然，二是可方便粪肥收集。因为家庭人口少，加之粪肥利用的习惯，老年农户日常生活污水排放很少，政府厕所升级改造及排污收费的做法，损害了他们的直接经济利益。另外，政府的改造方案对老年农户对厕所的文化认知冲击较大。在老人眼中，粪便是最好的肥料，"种菜就要用粪，化肥种出来的不好吃"，他们无法接受花钱把粪污运到镇里的做法。其次，种植户总体上是支持厕所升级改造的，但不认同具体的改造办法。村里有40余户从事生态荷花种植的莲农，他们长期居住在村里，经济收入相对较高，有一定的生活品质追求。他们

① 荷花协会是当地一个农业类乡村自治组织，2016年由S村村民D老师发起成立。荷花协会主要向莲农提供生态种植技术支持、莲子采摘及加工协作、农产品销售信息共享等服务。荷花协会还是政府联系莲农的中介，政府通过荷花协会向莲农传达相关政策补贴、景区生态种植技术要求等信息，S村的莲农都参与了荷花协会。

日常使用抽水马桶，但他们是村庄生活污水污染的受害者，因为污染影响旅游，影响他们的收入。政府启动村庄厕所升级改造，有助于改善村庄居住环境，也有助于推动乡村旅游业发展，而旅游业兴旺又会助力种植户的生态种植产业发展，所以种植户实际上又是厕所升级改造的受益者。种植户不认同政府的具体改造办法，这类农户较早从事生态荷花种植，有较强的生态理念，他们认为花钱处理农村的粪肥，而不是思考如何把粪肥利用起来，是"不生态"的做法，也不符合农村环境治理的实际情况。最后，农家乐和民宿等旅游业商户对 T 镇政府的厕所升级改造存在矛盾心理，多持观望态度。农家乐的经营者多是中年农民，他们的经营规模不大，多在暑假期间兼营农家乐和民宿。一方面，他们是村里生活污水问题的"制造者"，出于稳定经营的考虑，他们担心未来景区环境管理趋严，不参与改造可能影响经营；另一方面，他们对付费有顾虑，他们认为政府的治理办法成本太高，而普通农户很可能拒绝交费，自己很可能成为厕所升级改造成本的主要负担者，也从而会增加经营成本。

总体来看，老年农户是政府厕所升级改造方案的"坚定"反对者，且主要是因为经济利益受损而反对；种植户是潜在的支持者，他们认同政府厕所升级改造的目标，但不认同具体治理方式；农家乐等经营户对厕所升级改造持观望态度，其主要顾虑是改造成本过高。另外，从反对原因来看，厕所升级改造的经济成本分摊及厕所改造技术的社会适应问题，是农户与政府之间的两个主要分歧点。因此，对于 T 镇政府而言，要推进 S 村的厕所升级改造，可以优先争取种植户的支持，同时处理好厕所升级改造的两个关键问题：一是协调好各方的经济利益；二是找到适合本村庄的厕所升级改造技术。

（二）吸纳关键力量，共商治理方案

在摸清村民基本态度及关键分歧的基础上，为了尽快化解分歧，吸引村民积极参与，T 镇政府决定吸纳荷花协会会长、本村乡村企业家等村庄关键力量参与厕所升级改造项目。吸纳关键人物参与协商，听取他们的意见，争取他们的配合，共商厕所升级改造方案，再以这些乡村精英人物为抓手，顺势利用乡村精英在村落的威望和影响力，快速完成对普通村民的组织动员。

识别关键人物，并争取关键人物的同意。按照社会威望、热心公益事业及有时间配合政府和村委会开展工作等特点，T镇政府最终筛选出8位乡村精英，将他们视作村民代表吸纳进政府厕所升级改造工作小组。这8位乡村精英由退休村干部、老党员、种植能手、农家乐经营户（如荷花协会会长D老师和乡村企业家J先生）等组成。荷花协会会长D老师是村里人眼中的"知识分子"，他曾是乡村民办教师，也是生态荷花种植的技术能手，在中年种植农户中有较高的威望。乡村企业家J先生曾担任过10余年的村干部，后辞职创业成为乡村企业家。J先生每年春节会给村里60岁以上的老人发200元养老金和10斤猪肉，在村民特别是老年人中有很高的威望和影响力，并且近年来他还创办了环境治理企业，有专业方面的优势。

确定关键人物后，更重要的工作是争取他们的认同，把关键人物吸纳进决策中心，协商厕所升级改造方案。T镇政府和村两委主持召开了厕所升级改造扩大会议，镇政府干部、村两委负责人、荷花协会会长、老党员等共同讨论"怎么改"，围绕厕所升级改造的经济成本分担及技术模式两个焦点问题进行协商。村里的老干部、老党员、农家乐经营户等主张厕所升级改造要协调好不同类型农户之间的利益关系，不能增加老人的负担，也要重视经营户成本控制问题。在具体改造办法方面，参会的村民代表基本表达了厕所升级改造"要按照农村的办法来"的意见，反对把生活污水运到镇里集中处置，主张尽量把粪肥就地利用起来。

T镇政府、村两委及村民代表经过多轮的协商之后，修正了原来的改造方案。经济方面，增加政府财政补贴，短期内不向普通农户收取费用，是否向经营户收费要根据后期运行情况，再酌情考虑。具体改造办法方面，探索尽量把粪肥利用起来，采用"二分法"的技术路线（见图 1）。具体做法是：在农户家庭内新增加一套排污管道，专门收集厨房和洗浴产生的污水，将这部分污水直接导入三格化粪池的第三格，原有的排污管道则只收集抽水马桶的污水。按照新的技术，实际上每户拥有两套独立的污水收集系统，一套专门用来收集粪便污水，一套专门用来收集非粪便污水。粪污主要在化粪池的前两格进行发酵，因为没有洗漱等生活污水的进入，不会造成粪污的稀释和污染，也更有利于粪池内微生物活动，粪便能更好地发酵。这样处理的好处是，有意愿利用粪肥的农户，可以将前两格经过初步发酵的粪污单独收集起来，加以回收利用；如果农户没有利用粪肥的需要，粪污才会进入第三格化粪池，由政府安排的吸粪车来处理。农民参与进来之后，新的改厕方案实际上是 T 镇政府与农民双方相互妥协、折中的产物，契合了政府"生态"治污的目标，也兼顾了农村社会已有的废物利用习惯。

旅游发展是要改善村里环境，这是对大家都有好处的，我们都晓得，但是不能让普通村民掏钱。村里的老人多，让他们出这个钱不合适。政府和旅游公司难道不能多拿点吗？（村民 T 访谈，2021-6-8）

既然说这次厕所改造的定位是"生态"，这个方向是好的，那么就不能离开这个初衷。但是费老大力气，花那么多成本，把粪便拉到污水处理厂的做法"生态"吗？（荷花协会会长 D 老师访谈，2021-6-8）

其实，要我讲也没那么难，我自己是搞环保企业的，我也是农村长大的。我一直有一个想法，农村生活污水中的粪便是可以用的，过去粪便不都用吗？但是洗澡水和洗衣水是用不起来的，是不是可以把这两块分开呢？这样处理成本小了，也更"生态"了嘛。

（村民 J 先生访谈，2021-6-8）

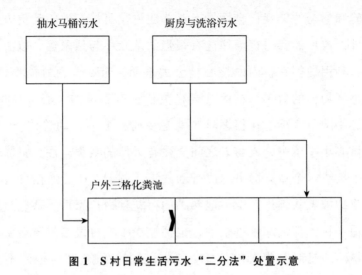

图 1　S 村日常生活污水"二分法"处置示意

（三）"意会"式动员：普通村民参与意向整合

新的厕所升级改造方案实际上是政府与农民之间平等协商的结果，新方案在实现政府基本治理目标的同时，也降低了农户的经济负担，且对村民日常生产生活的影响较小，政府与农户之间达成基本合作共识。在这个基础上，T 镇政府在新方案的推行过程中借助榜样示范及关键人物的核心社会关系圈，完成了普通村民的参与动员。

村干部、荷花协会成员及老党员等关键人物率先进行改厕，发挥了榜样示范作用。村民在选择是否参与集体行动时，往往有很强的观望心理，乡村精英往往是他们行为选择的重要参照物。发动乡村精英带头示范，让普通村民亲身验看，从而打消了多数村民心中的诸多疑虑。以村主任家的厕所改造过程为例，施工队进入他家作业后，很快吸引不少村民的注意，一些村民实地查看施工改造方法，亲身体验了厕所升级改造对农户的影响。还有一些村民虽没有进入现场看，但看到村干部以及村里"有头有脸"的人物都改了，认为自己改也不会吃亏。乡村精英等关键人物在农民集体行动中时常扮演"头"的角色，是普通村民日常生活的参照群体，其亲身行为示范为普通村民提供了一个能够直接感受、体验和参与的微观社会情景，对普通村民是最有效的动员方式。

另外，农民的参与行为往往有很强的从众性与依附性，以关键村民为中心，利用他们在村内的核心社会关系圈，带动普通村民集体参与，能达到事半功倍的效果。村落社会精英往往有自己的核心交往小圈子，这些核心小圈子实际上在很多时候就是乡村社会的行动单位。① 在乡村精英的核心小圈子中，人与人之间交往有天然的默契，往往只需本人到场，点个头或示个意，即可达成行动共识。例如，D 老师在自己家改造完后，就把施工队领进几个与他熟悉的荷花种植户家里，这些村民看施工队是他和村干部一起领进来的，也都接受了。村民参与改造主要基于两个考量。一是对 D 老师的信任。依据以往的经验，"听他的不会错"。二是人情和面子。一部分农户虽有所顾虑，但因为都是熟人，碍于人情和面子，也不能拒绝。例如一位老年种植户并不想参与厕改，但碍于 D 老师的面子，还是参与了厕所改造。"人是 D 老师带来的，我要是板着脸不改，就不识相了。"（村民 T 先生访谈，2021 年 7 月 9 日）村民 D 是荷花协会会长，莲农们在生产技术、莲子销售等方面受惠于他，也会报之以回馈。实际上，乡村熟人社会的交往过程中，常常因熟悉而产生众多"不言而喻"的默契规则，彼此"意会"即可。② 这种"意会"是建立在互惠的乡村社会生活的基础上，基于亲属有别的社会关系而形成的社会组织形态。③

农民参与环境治理，其本质是将农民组织起来，共同采取集体行动的过程。通常，地方政府较擅长官方宣传、圆桌会议等行政化动员方式，但行政化的动员往往难以嵌入乡村社会内部，且需要地方政府直接

---

① 宋丽娜：《熟人社会的性质》，《中国农业大学学报》（社会科学版）2009 年第 2 期。

② 费孝通：《试谈扩展社会学的传统界限》，《思想战线》2004 年第 5 期。

③ 付伟：《农业转型的社会基础：一项对茶叶经营细节的社会学研究》，《社会》2020 年第 4 期。

面对个体化、组织化程度低的农民，动员成本高，效率低。在对 S 村普通村民进行动员的过程中，T 镇政府在行政化动员方式收效甚微之后，转而采用社会化的动员方式，以乡村精英等关键人物为核心，抓住关键人物，等于抓住村民的"头"，精英们的行动示范可以带动普通村民参与，然后 T 镇政府再利用精英的核心交往小圈子，完成普通村民参与动员，快速实现参与行为的扩散。这种社会化动员方式以乡村精英为核心，借势村落社会内部的社会关系结构，抓住乡村社会内部的行动单元，也契合了农民集体行动发生的社会心理，能较为有效地化解村民参与的"组织困境"。

四 农民参与行为发生的社会机制

厘清农民环境参与行为发生的社会机制是理解与认识村民参与行为的基础。从农民及乡村社会内部来说，农民参与行为的发生最终还要落实到个体的微观行为选择，而个体的微观行为选择受特定的社会结构及情景的制约。政府外力介入之所以能够成功撬动农民参与行为发生，根本原因在于这种外力介入，改变了微观村落的社会结构性条件，奠定了适于农民参与行为生成的社会基础。

（一）治理理念：以民为本，培育农民参与内生动力

农民既是农村生态文明建设的依靠力量，也是农村生态文明建设的服务对象。实际上，要坚持以民为本的环境治理理念，回应环境治理中农民最直接、最关切的具体问题，培育农民环境治理参与自觉性，激发村民及村社共同体的自治积极性，为农民参与提供持久内生动力。另外，只有坚持以民为本的环境治理理念，推动农民广泛参与，才能实现政府和村民治理理念的融合，达成共识，真正实现农村环境的长效治理。以民为本，应做到坚持农村环境治理不损害农民直接经济利益，不妨碍农民正常生活秩序，且尽可能让环境治理服务于增益农民生产

生活。

在 S 村的厕所升级改造过程中，排污收费是村民最大的关切点。T
镇政府及时调整思路，取消了简单套用城市环境治理排污者付费的做
法，较好地处理了环境治理的成本分摊问题，尊重了农民合理化的经济
利益诉求。虽然，排污者付费是当前城市环境治理的基本原则，但是这
一原则不能简单移植到乡村。考虑到当前农民收入总体偏低，且老人、
妇女等是乡村留守主要人员，他们是典型的低收入群体、弱势群体，对
付费治污较为敏感，农村环境治理改造不能增加农民经济负担。另外，
T 镇政府选择了改变小、成本低的厕所升级改造技术方案，对农民日常
生活秩序影响小。农村环境治理特别是厕所升级改造等涉及农民日常
生活方面的环境治理，往往意味着对村民已有常态化生活方式的快速
改变。而农民生活方式稳定性强，因环境治理而短期内快速改变农民的
日常生活行为，容易引起农民的抵制，反之，则更容易获得农民的配合
与合作。并且，"二分法"的农村粪污处理技术，基本实现了村庄生活
污水的治理，处理成本可控，还方便有些村民的粪肥利用，兼顾了村庄
内部农民多样化的需求。以民为本的环境治理理念有助于把农民视角
带回农村环境治理实践，增强农村环境治理的乡土性、人文关怀性，回
应农民的关切点，使普通农民能够关心、热心参与乡村环境治理，将村
民主体化参与落到实处，为农村环境治理提供长效内生动力。

（二）治理结构：政府引导，优化农民参与社会空间

政府引导性介入可优化乡村环境治理权力结构，给予村民环境治
理参与的基本空间保障。农村环境治理中农民参与不足的主要症结在
于行政管控逻辑盛行，地方政府往往扮演农村环境治理的首要责任者
和管控者角色，压缩了乡村社会自主治理空间。因此，地方政府在农村
环境治理中扮演"掌舵人"角色的同时，还应适度放权，积极引导农
民参与，把乡村环境治理具体事项的决策权交还给乡村社会，提升乡村
社会治理的自主性。

在 S 村的环境治理中，起初 T 镇政府掌控厕所升级改造，农民参与缺失，厕所升级改造方案过于简单和标准，导致农民经济利益受损，环境治理技术社会适用性差，政府环境治理与村民日常生产生活之间产生分歧，村民参与消极。T 镇政府调整工作思路后，在不偏离厕所改造基本目标的前提下，通过村委会和荷花协会等农村社会自治组织，鼓励与引导农民参与方案协商，把具体细节性事务的决策权交还给农民。农民真实参与进来后，引发了三个方面的改变。一是乡村环境治理权力结构的优化，政府、村两委、老人、农家乐经营者、种植户等多主体都参与进来，各方利益诉求能够顺利表达，从而提升了环境治理决策过程的透明性与民主性。二是促进地方环境治理方案的本土化和个性化，提升治理方案的有效性。S 村的"二分法"改造方案是在政府适度放权后，乡村社会在遵循政府基本治理思路的基础上，基于本土情景，融合地方知识，对原有治理方案的修正、探索与创新。这套方案实现了地方政府农村污水生态治理的目标，又能兼顾地方自然、经济社会情况及村庄实际，基本做到了因村制宜。三是提升政府治理的社会认同度，为政策有效落地奠定了基础。政府引导性介入，保障了农民的主体地位，尊重了乡村生活环境的整体性及复杂性，有助于政府环境治理活动与农民日常生产生活方式的耦合，实现农村环境的生活化治理，① 给予农民合理参与空间。

（三）治理机制：巧用非正式治理，提升农民参与组织化

当前乡村环境治理中国家本位色彩较浓，正式的、自上而下的行政化治理机制较为盛行，而乡村社会内部的非正式治理机制容易被轻视和忽视。农村环境治理的乡土性、综合性和复杂性，决定了正式的科层化的行政治理机制往往难以适应，而非正式治理机制在乡村社会内部

---

① 赵勇、慕良泽：《生活治理：农村人居环境整治行动及其解释——基于中部地区 S 省的实践考察》，《湖湘论坛》2023 年第 4 期。

动员方面，往往更有优势。在乡村环境治理的末端，非正式治理机制可以灵活利用乡村内部隐形的人力资本、社会资本及文化资本，乡村精英、熟人社会关系网络、面子、人情等因素在村民行为动员中更有效果。

从S村的环境治理过程可以发现，非正式治理机制对于快速提升普通村民参与起到了非常重要的作用。非正式治理机制能有效激活乡村内部治理资源，增强基层环境治理的本土取向和人文取向，提升村民参与的主体性、包容性及组织化。非正式治理机制能较好地挖掘乡村能人、长者、种植大户及荷花协会等内生主体的能动性。这些主体是乡村社会内部的权威，是村民心中的"头"，他们是村内人，熟知村情，谙熟村民社会心理，能够因人因事灵活开展动员工作，提升村民参与主体性。非正式治理机制更贴近地方本土利益，包容地方多样化环境治理诉求，兼顾乡村环境治理事务的微小性、多样性与复杂性，如包容老人等乡村弱势群体的需求，让普通人也能参与进来。从社会文化层面看，乡村社会内部非正式治理机制的运行以乡土熟人社会为背景，治理过程重人情化、实用化和生活化，更善于以柔和、灵活的方式，深入乡村内部自下而上地完成对普通农民的动员，增强基层环境治理的人文取向，有助于在乡村内部快速达成集体行动，实现普通村民的组织化参与。

农村环境治理本质上是国家从现代化的视角对乡村生产生活环境的重塑，但是乡村社会并不会被动接受国家的干预。农村环境善治的关键是要找到地方政府与农民二者之间的对接点。在农村环境治理中，既要重视正式治理机制在宏观层面的引导、规划与调节，也要重视发挥非正式治理机制在环境治理体系末端，特别是普通村民参与动员中的优势，提升村民集体行动能力，推动乡村环境治理的高效化与长效化。

（四）治理技术：重视小微技术创新，提升农民参与能力

提升农村环境治理技术的社会适用性，降低村民参与成本。长期以来，乡村地区环保设施相对落后，加之乡村环境治理技术供给不足，很多地方简单照搬和沿用城市环境治理技术，而城市环境治理技术往往具有单一化、投入资源多及治理成本高等特点，导致农村环境治理技术社会适用性差。① 重视农村环境治理技术创新，增加多样化、本土化及适宜的环境治理技术供给，提升环境治理与农民日常生产生活实践的共融性，有助于提升农民参与能力，激发更多的农民参与行为。

S村一开始简单沿用城市生活污水集中处理模式，忽视了乡村社区内部农民生活方式的多样性，放大了农村生活污水污染问题，处理成本高，农民参与门槛高，挫伤了农民参与积极性。而"二分法"生活污水处置技术是农民参与进来后，乡村社会进行的一次本土化的厕所改造技术创新探索。从改造目标看，新技术基本满足了T镇政府的生活污水治理目标需求，也包容了农户多样化的需求，特别是老年人的用肥需求。新技术促成了T镇政府环境治理目标与农户生活化环境治理诉求的协同。从经济适用角度看，将粪便单独收集的技术路线，方便了农户日常粪肥使用，也降低了治污成本，且对农户日常生产生活影响较小，降低了村民参与的成本。最后，新技术借鉴了乡村社会粪肥利用的地方性知识和传统，提升了农民环境治理参与能力。很多时候，地方性知识虽然被冠以"知识"二字，但多半因不"科学"而被排除在正统的环境治理或环境政策话语体系之外。② 这种排斥直接导致农民知识系统的边缘化，间接弱化了农民环境治理参与能力。而在S村的厕所升级改造过程中，因农民的有效参与，农民日常生活世界的经验知识顺利进入地方环境治理政策，农村地方本土经验知识在农村环境治理中得到传承和创新。

总之，农村环境问题的复杂性及农村社会的异质性对环境治理技术要求更高。从物理方面来看，农村社区自然地理环境及自然资源禀赋

---

① 张诚：《韧性治理：农村环境治理的方向与路径》，《现代经济探讨》2021年第4期。
② 陈阿江、王婧：《常识、知识与科学——陈阿江教授谈环境社会学研究方法》，《鄱阳湖学刊》2023年第4期。

差异大，农村环境治理技术应更为多样；从社会层面来看，农村社区内部经济、社会、文化异质性强且差异大，农民日常生产生活实践具有多样化和不标准化的特征，也对农村环境治理技术的多样化提出更高要求；从农民行为特征来看，与城市社会相比，乡村日常生产生活实践具有较强的稳定性及系统性，相比改变农民行为，坚持务实导向的技术治理创新、重视多样化小微技术的供给、提升乡村环境治理技术的社会适用性能减少政府环境治理对农民日常生产生活实践带来的不利影响，还能降低农民环境治理参与门槛与成本，更能有效提升农民参与能力。

五　结论

农村环境既是国家生态环境治理的重要公共空间，又是农民日常生产生活开展的地方社会空间。农村环境兼具"人居"与"环境"两个方面的特性，但是政府和农民对农村环境治理往往秉持不同的认知与行动逻辑。地方政府受"政、纪驱动"及考核制约，易采取标准化和简单化的农村环境治理方式，而农民则被农村日常生活实践牵引，会从生活世界的意涵看待农村环境治理。[①] 政府视角重"环境"、重"治理"，农民视角重"人居"、重生活。这决定了要实现农民广泛参与，就要找到"环境"与"人居"、"治理"与"生活"之间的平衡点，只有这样，才能达成共识，实现农村环境善治。但在实践中，常常是农民视角缺失，地方治理实践中"环境"的权重和次序明显优于"人居"，地方政府与农民间缺乏合作共识，以致常常出现"政府干，农民看"的情况。因此，只有在政府引导下，推动农民广泛参与，找到"人居"与"环境"二者之间的平衡点，达成合作共识，才能实现农村环境的长效治理。

---

① 闫春华：《农村人居环境整治中的主体认知差异及其行动约制》，《西北农林科技大学学报》（社会科学版）2023 年第 2 期。

梳理 S 村的环境治理历程不难发现，仅由地方政府主导环境治理实践，会导致农民参与空间被压缩。地方政府从自身视角出发设计地方环境治理方案，易出现政府治理实践与乡村社会地方化生产生活系统及传统生计文化之间脱节的情况，导致村民的消极参与甚至抵制。反之，当地方政府适度放权，主动引导村民参与，就具体问题形成务实合作关系，共商治理方案，达成基本治理共识，既着眼于解决乡村环境污染的现实问题，又不过于影响农民常态化的生活秩序时，才能实现"环境"与"人居"、"治理"与"生活"并重。

在农民参与动员方面，地方政府的适度介入与有效引导是撬动农民参与的有力杠杆。就当前农村社会的实际情况来看，在乡村劳动力外流、人口老龄化及村庄空心化等因素的影响下，乡村社会活力不足，农民参与乡村公共事务治理的意愿也在降低。[①] 在此背景下，地方政府只有找到农民参与行为发生与扩散的过程规律，才能有效动员农民参与。地方政府需要尊重农民主体参与地位，找回乡村生活视角，正视乡村内部社会分化及农民多样化的环境治理需求，从乡村社会内部挖掘农民参与活力和动力。政府还应重视村两委、乡村精英等关键力量在农民参与行为发展中的催化作用。村两委及乡村精英等乡村治理力量是国家自上而下治理及乡村自下而上治理的交会点，有助于完善环境治理政策，增强政府环境治理弹性，实现政府治理权威与地方性需求的有机结合，提升农民参与认同度，促成农民实际参与行为的发生。在普通农民的参与动员方面，社会化的动员方式比行政化的动员方式更易为农民接受，抓住乡村社会内部行动单元，巧用精英示范、熟人社会、人情、面子等因素带动普通农民参与，有助于提高农民参与度。

从农村社区及农民角度来看，要营造有利于农民参与的社会环境，实现农民参与常态化与长效化。在治理理念上，回应农民真实环境治理

---

① 孔铭、吕宇航、赵云：《人口老龄化背景下的村庄失活与乡村振兴挑战》，《中国农业大学学报》（社会科学版）2023 年第 2 期。

关切，尊重农民的正常生活秩序，提升农村环境治理的乡土性、人文关怀性，培育农民参与自觉，为农民参与提供内生动力。在治理结构上，政府治理与乡村社会自治并不总是单向的此消彼长的关系，回顾 S 村的案例，政府在权威性、资源输入等方面有不可替代的优势，坚持政府的引导性介入，适度放权，能有效激活乡村自治要素，给予乡村合理社会自治空间。在治理机制方面，重视非正式治理机制在普通农民参与组织动员方面的优势，以乡村精英为核心，借助乡村社会结构关系网络，兼顾农民交往的人情化和世俗化，提升农民参与的组织化程度。在环境治理技术方面，随着农村环境治理的日益精细化和精准化，农村环境治理技术缺口不断增大，而照搬和沿用城市环境治理方法，不仅治理成本高、社会适用性差，而且容易挫伤农民参与的积极性。在坚持国家农村生态治理总体方向的前提下，尊重农民日常生产生活实践，重视多样化小微技术研发，加大对农村生活环境基础设施的技术支持，重视农村生产、生活、生态系统之间物质循环的可持续性，提升乡村内部的资源利用水平，提升乡村环境治理技术的社会适用性，可减少政府环境治理压力，增益农民日常生产与生活，从而有助于催生农民更多的环境参与行为。

"因地制宜"抑或"面子工程" [*]

——G 省河村户用厕所改造的技术建构过程

王莎莎[**]

摘　要：农村户用厕所改造体现了技术建构过程的社会属性。本文认为，在农村户用卫生厕所改造的过程中，目前推广的厕所改造技术存在一定的自然条件限定，也存在政府改厕目标与农民现实需求之间的差异性。基层政府、国家及农民对厕所改造存在不同的预期。在本文的案例中，基层政府发展出了"去技术化"的应用方式，导致当地的部分厕所改造成了"表新里陈"的"面子工程"，而不是真正的技术创新或者技术改造。只有当我们考虑到技术作为一种介质，承担的重要职能是满足人们的愿望与需求，并建立人与生活世界的关系时，才能更好地思考技术的开发与应用。本文认为，人们选择厕所改造的技术类型不仅从操作层面关注技术的物质性，而且强调使用技术的人的主体性、社会环境的差异及其影响。

关键词：厕所改造　厕所改造技术　社会建构

一　导言

农村厕所改造最为核心的目标就是对厕所粪污进行无害化处理和

---

　*　本文系"息壤学者支持计划"（项目编号：XR2023）的阶段性成果。
**　本文系王莎莎，深圳市二十一世纪教育研究院研究员，中国农业大学人文与发展学院博士，研究方向为发展干预、环境规制问题。

资源化利用，围绕这两个目标，结合不同历史时期农村发展的需求与瓶颈，国家制定并出台了不同的干预政策，发起了不同的运动，实施了不同项目。2008 年以前，国家在农村厕所改造中重点关注三个问题。（1）公共卫生问题。通过改善卫生条件，对粪污进行无害化处理后，达到阻断疾病传染或流行的目的。（2）资源利用问题。以积粪积肥发展农业生产、开发沼气作为农村新能源为目标。（3）环境安全问题。改变厕所粪污处理的方式，同时进行农村饮用水安全设施改造，杜绝厕所粪秽污染地下水源和周围土壤。2009~2014 年，农村厕所改造被纳入重大公共卫生服务项目。2014 年之后，中央提出改造农村厕所的目的是提高农民的生活质量，并指出了其对于新农村建设的意义。① 自 2018 年起，"厕所革命"正式在全国范围内实施，成为农村人居环境整治的核心内容，成为城乡一体化发展的一部分，也是乡村振兴中生态宜居的重要板块。2019~2021 年，中央财政累计安排农村厕所革命整村推进财政奖补资金 192 亿元，支持各地因地制宜推进农村厕所革命。② 由于中央政府对农村改厕工作的重视与持续投入的资金支持，农村卫生厕所普及率有了明显提升。2018 年至 2020 年底，通过农村人居环境整治三年行动，全国农村卫生厕所普及率在 2020 年底为 68%以上，农村户用厕所累计改造 4000 多万户。③ 目前"全国农村卫生厕所普及率超过 73%"。④

随着农村人居环境整治行动在全国范围的深入开展，农村户用厕所的改造数量不断增多，人们关注的焦点多集中在改造后的厕所是否

---

① 《中国聚焦：中国兴起"厕所革命"破解乡村治理难题》，http://xinhuanet.com/politics/2015-02/09/c_1114307869.htm，最后访问日期：2024 年 8 月 30 日。

② 2019 年、2020 年、2021 年三年的土地指标跨省域调剂收入安排的支出资金（支持农村厕所革命整村推进财政奖补）分别为 482458 万元、738100 万元、700000 万元，共计 1920558 万元。数据来源于财政部网站，总数由笔者自己根据以上数据计算得出。参见 https://www.mof.gov.cn/zhuantihuigu/cczqzyzfglbf/zxzyzf_7788/apzc/。

③ 《全国农村卫生厕所普及率超 68%》，人民日报，http://www.gov.cn/xinwen/2021-04/08/content_5598294.htm，2021 年 4 月 8 日。

④ 《农业农村部关于开展农村改厕"提质年"工作的通知》，https://www.gov.cn/zhengce/zhengceku/2023-04/24/content_5752921.htm，2023 年 4 月 17 日。

舒适、便利、洁净。但厕所并非一个孤立的建筑，在修建时还必须考虑粪污的处理流程及相应的设备，以避免粪污对生态环境造成破坏。中央在《农村人居环境整治提升五年行动方案（2021—2025年）》中明确提出了厕所改造的技术目标和要求，指出，"到2025年，农村人居环境显著改善，生态宜居美丽乡村建设取得新进步。农村卫生厕所普及率稳步提高，厕所粪污基本得到有效处理"。为切实提高改厕质量，要"科学选择改厕技术模式，宜水则水、宜旱则旱"。农村的厕所改造要与生活污水治理有机衔接，"因地制宜推进厕所粪污分散处理、集中处理与纳入污水管网统一处理……积极推进农村厕所粪污资源化利用……逐步推动厕所粪污就地就农消纳、综合利用"。改造农民传统旱厕的技术核心在于实现人粪污的无害化处理，继而实现资源化利用——粪肥还田。在实践中，全国绝大多数农村地区普遍采用了国家推行的六种卫生厕所技术类型，以实现这一厕改目标。

在农村户用厕所改造的过程中，由于没有因地制宜地选择合适的厕改技术模式、投入使用的相关设备质量不过关、建设施工过程出现漏洞等，厕改失败问题较为突出。[①]"因地制宜"成为农村厕所改造的重要技术原则。2018~2022年，笔者在G省调研期间，发现当地出现了一种"全新"的厕所改造类型。它既不是水厕，也不是经无害化处理的旱厕，是一种不同于国家推行的厕所改造类型：只对厕屋做一定的修缮，包括硬化、贴瓷砖、加装蹲便器，末端仍然维持原来的旱厕粪坑，不做实质性的技术改造。G省是卫生厕所分布较少的省份之一。2018年底，G省符合标准的卫生厕所存量49万座，普及率仅为10%；2020年底，实施农村户用厕所改造113.7万座，普及率达到33.2%；2021年，G省计划新改建户厕50万座，2021年上半年已完成9.2万座，在建15万座。在厕改进度相对缓慢的G省，这种新型厕所是一

---

① 《农村改厕：如何把好事办好》，光明日报，https://epaper.gmw.cn/gmrb/html/2021-04/23/nw.D110000gmrb_20210423_1-16.htm，2021年4月23日。

种因地制宜的技术创新吗？当地为什么会出现这种"创新"的厕所改造类型？本文基于 2018 年 9 月至 2022 年 7 月在 G 省的实地研究资料，分析了这一"技术创新"背后的产生机制，提出人们在执行厕所改造过程中，除了要考虑技术本身的物质属性所导致的技术偏差，还应该关注技术的多方主体在多重博弈下导致的执行偏差，需强调技术的社会建构性，如何通过技术适配弥合国家预期与农民现实需求之间的裂缝。

二　厕所改造的技术意涵

人们关于厕所改造的技术探索从未停止。从生态旱厕到无水厕所，再到生物技术的应用及农村生活污水一体化处理系统等，有关厕所的"革命"引入了广泛的技术力量与技术因素。厕所革命的核心在于末端处理技术的革新，其重点是减少甚至不用冲水，同时有效利用废弃物。[1] 国内外对于厕所革命的技术探索始终围绕着两个方面——无水、循环进行。"无水堆肥厕所"（Waterless composting toilet system）是早期的一种解决方案，针对的是缺水和缺乏地下排污处理系统的情况，[2] 最终形成无水冲厕—资源综合利用的产业系统工程。[3] 在我国，厕所技术革新的一个指向是减少农村传统粪污处理方式对农民身体健康带来的潜在威胁。因此，农村户用卫生厕所改造一直是卫生防疫、流行病学领域学者关注的重点。由于粪便的管理方式与传染病发病率之间的密切相关性，清理和改良厕所始终是爱国卫生运动中必不可少的内容。[4] 在中国血吸虫流行区进行随机抽样调查的结果显示，农村厕所进行无害化改良

① 吴昊：《厕所的"4G"时代》，载刘志明、王彦庆主编《厕所革命》，北京：中国社会科学出版社，2018 年，第 74~88 页；张健：《厕所革命——重构绿色循环》，载刘志明、王彦庆主编《厕所革命》，北京：中国社会科学出版社，2018 年，第 44~56 页。

② 刘燕辉、傅倩：《在我国开发"无水堆肥厕所"大有可为》，《小城镇建设》1987 年第 1 期。

③ 李时俊：《公厕革命及其资源产业化系统工程》，《环境卫生工程》1996 年第 4 期。

④ 肖爱树：《1949~1959 年爱国卫生运动述论》，《当代中国史研究》2003 年第 1 期。

后，人群粪便寄生虫数量明显减少，检出率降低。① 而生态旱厕、无水厕所、生物技术的应用、农村生活污水一体化处理系统等技术力量与技术因素可以被应用于农村厕所无害化处理中。②

目前，我国农村户用卫生厕所改造的技术模式主要包含以下七种类型，即农村集中下水道收集式户厕、三格化粪池式户厕、双瓮（双格）式户厕、粪尿分集式户厕、沼气池式户厕、双坑交替式户厕、气封式新型卫生厕所。目前，广泛推行的前六种农村厕所改造类型，是20世纪80年代在开展"国际饮水供应与环境卫生十年"活动时研制出的成果，技术核心是实现粪污无害化处理后粪液作为肥料还田。现在普遍采用的三格化粪池式和双瓮式厕所已在全国范围广泛使用了30多年。尽管这一首先出现在南方地区的厕改类型在北方寒冷地区遭遇了不少技术问题，但作为实践面最广、成本低、改造过程简单的技术类型，仍然胜过其他技术方式得以继续在全国推行。技术系统在"先前选择、基础设施、现有技术解决途径的风格"等多种因素作用下，趋向常态化的构建，而不是以新的体系替代现有的。③

然而，目前个别地区缺乏真正"因地制宜"的、依据不同气候条件与生活习惯研发的适用技术和产品，也没有充分考虑农民对于现代化的劳作条件与生活方式的追求，技术的局限可能导致未来农村户用

---

① 黄涛、吴传业、王强、蒋平安、何威龙、陈帅、李四海：《湖南省血吸虫流行地区无害化卫生厕所粪便处理效果调查研究》，《实用预防医学》2008年第6期；魏海春、付彦芬：《血吸虫病流行地区农村卫生厕所状况分析》，《中国公共卫生管理》2010年第1期；魏海春、付彦芬：《中国血吸虫病流行地区农村卫生厕所无害化效果分析》，《现代预防医学》2011年第20期；魏海春、孔林汛、田洪春、李秋娟、汪峰峰、杭德荣、黄薇、熊孟韬：《中国血吸虫病流行地区农村户厕粪便寄生虫卵状况分析》，《中国病原生物学杂志》2010年第10期。

② 何御舟、付彦芬：《农村地区卫生厕所类型与特点》，《中国卫生工程学》2016年第2期；许阳宇、周律、贾奇博：《厕所系统排泄物处理与资源化厕所技术发展近况》，《中国给水排水》2018年第6期。

③ Shove, Elizabeth, *Comfort, Cleanliness and Convenience: The Social Organization of Normality*, Oxford: Oxford International Publishers Ltd. (2003), p. 44. 白馥兰：《技术、性别、历史——重新审视帝制中国的大转型》，吴秀杰、白岚玲译，南京：江苏人民出版社，2016年，第11~13页。

厕所的重复建设。[①] 为了克服技术上的不足，满足农民的需求，应当建立"源头资源化为主、末端处理为辅"的区域综合治理模式。[②] 厕所革命的内涵与国际上生态卫生（Ecological Sanitation）的原则一致，因此，也有学者主张要突破单一的技术革新的思路，思考如何建立完善的卫生服务链，包括储存、收集、运输、处理、回收和处置。[③]

另外，技术的革新不仅需要因地制宜，还需要考虑农村厕所改造后的长期运行和维护，以及由此产生的经济成本。农民参与农村厕所改造的动机是影响他们做出改造和维护厕所功能的最终决定的关键变量。[④] 尽管人们一再重申厕所革命中技术的重要性，然而如果农民在使用中依然遵循旧的习惯，不认可或者不理解改造后的卫生厕所的意义，过于依赖政府解决卫生服务链中各环节出现的问题，那么厕所革命依然难以达到预期的目标。建立政府、企业和农民"共赢"的模式可能是技术落地的突破口。[⑤] 厕所革命最终要构建以物质利用为核心的农村生活—农业生产—生态环境"三生"循环体系，为提高区域环境质量和促进农业可持续发展提供系统性技术方案。[⑥]

三 "表新里陈"的旱厕改革

河村是G省河镇下辖的一个行政村。河镇主要种植小麦、玉米等

---

① 沈峥、刘洪波、张亚雷：《中国"厕所革命"的现状、问题及其对策思考》，《中国环境管理》2018年第2期。

② 范彬、王洪良、朱仕坤、张玉：《我国乡村"厕所革命"的回顾与思考》，《中国给水排水》2018年第22期。

③ Shikun Cheng et al., "Toilet in China," *Journal of Environmental Management*, Vol. 216, 2018, pp. 347-356.

④ Yong Li et al., "Using System Dynamics to Assess the Complexity of Rural Toilet Retrofitting: Case Study in Eastern China," *Journal of Environmental Management*, Vol. 280, No. 2021.

⑤ 李慧、付昆明、周厚田、仇付国：《农村厕所改造现状及存在问题探讨》，《中国给水排水》2017年第22期。

⑥ 黄圣彪：《推进厕所革命需要解决的技术问题及措施建议》，《中国环境管理》2018年第2期。

粮食作物，并以花椒、蔬菜为主要经济作物。河村距离县城有10公里，地形狭长，分为河村和树沟两个自然组。河村作为镇政府所在地的行政村，有1093户3958人。调研访谈中，不同受访者普遍表示，目前河村20世纪70年代后出生的男性青壮劳动力（55岁以下的劳动力）几乎都在外地务工，村里从事农业生产的人寥寥可数。只有一些种植大户每年能够获得3万~4万元的收入。

至2021年上半年，全村已完成336户的厕所改造任务，其中36户为自行改建。大部分改厕户集中在河村。根据环保部门的要求，1093户必须全部完成厕所改造任务。然而，由于新冠疫情的影响，到2021年下半年，村里并没有申报厕所改造任务指标。这与疫情防控工作需要投入大量人力有关，再加上"村民接种忙，村大，厕改名额少"的原因，村干部决定不申报2021年下半年的厕所改造项目。为了解决污水倒在道路旁边露天水沟的问题，2021年，河村通过各家各户集资修建了贯通整个村庄的地下排污管道，使每家的生活污水都接入了管道。

2019年11月笔者进入河村调研时，村里实施厕所革命采取的是旱厕改"旱厕"。具体做法就是在原有农户旱厕厕屋的基础上，用水泥抹平地面，地面和墙面贴瓷砖（贴一米高），加装蹲便器（储水手动冲厕），原来挖的粪坑不变，只在上面留出淘粪口（平时加盖）、排气口，排气口接通排风管延伸到屋外。简而言之，就是对农户的旱厕做简单的内部装修，比较关键的"技术"改进部分是增加了一根排风管。依照国家对卫生厕所改造的基本技术标准，这种改造后的厕所满足了闻不到异味，看不见粪污的要求，但没有对传统的粪坑做防渗漏处理，达不到无害化卫生厕所的标准，所以笔者称其为"半改式卫生厕所"。这一种改厕方式并不是常见的农村户用卫生厕所改造类型，笔者在其他地区走访时也从未见过。显然，这属于调研村庄所特有的卫生厕所改造类型。它相当于只是给传统旱厕换个"包装"。

河村是远近闻名的人才"宝地"，不少人在外经商做官，村民的经济条件普遍好于周边村庄的村民。从 20 世纪 90 年代开始，河村村民就陆续拆除了原来的土坯平房，改建为砖混结构的楼房。一方面，盖楼房是由于河村宅基地整体占地面积小，邻舍紧凑，适合盖楼房；另一方面，盖高楼也是显示经济收入的最好象征。经济收入高的农民，可能会盖 3~4 层楼高的房子。村民改建新房时，对于厕所通常的做法是一家两厕，即楼里每层有水冲式卫生间，但只供家人使用，通常也只小便。院里还有一个独立的厕屋，面积在 6~8 平方米，仍然是旱厕，供客人使用。

按照河镇镇长和书记的说法，以前自建的（厕所）都不符合标准。所谓"标准"就是要做到"无害化"。针对"无害化"的处理途径，农业农村局目前给出了三种选择——化粪池、高温发酵、污水处理系统。实际上，村民过去自建的厕所与现在政府改造的厕所，都不符合"无害化"的标准。

村民们带我去看家里改造后的厕所时说，"这是名副其实的面子工程"（访谈资料），因为它的确只改了"面子"，没换"里子"。但至少在视觉和嗅觉效果上有了直接的改观，做到了国家对卫生厕所基本要求的第一条，即"地上无粪便暴露，眼睛看不到粪便，鼻子闻不到臭味"。[①] 尤其是如果农户勤于打扫，那么白瓷砖的墙面和地面看起来也会非常整洁、干净。但卫生厕所的基本要求第二条是："地下不渗不漏，粪便进行无害化处理，不对环境造成污染。"[②] 后者是传统旱厕要进行改造的关键，也是国家推行的技术中，强调使用粪桶、瓮、封闭粪池等设施的原因——防止粪污的渗漏威胁到当地的土壤和水源安全。

不同于其他地区的普遍做法，河村的独特做法是在尝试"因地制

---

① 农业农村部农村社会事业促进司编《农村厕所革命政策与知识问答》，北京：中国农业出版社，2019 年。

② 农业农村部农村社会事业促进司编《农村厕所革命政策与知识问答》，北京：中国农业出版社，2019 年。

宜"的技术革新吗？河村为什么会采用这种厕所改造类型？

四 技术制约下的厕改偏离

国家的干预拥有依据严格的科学试验总结得出的"技术和方法"。[①] 厕所革命的初期，发挥旱厕原有的积粪功能得到大力推广。"粪肥还田"直到现在也还是厕所革命中资源化应用粪污的主要途径。国家干预并没有摒弃中国农业耕作历史和实践中的重要的肥料技术，但增加了对粪污进行"无害化"处理的技术要求。这是对农民传统实践知识的完善。之所以没有达到预期的效果，并非因为对实践知识的"忽视"，而与技术扩散是否"有效"，以及技术占有者与使用者对技术的应用范畴的观念是否发生了变化有关。换言之，厕所改造技术要想得到认可，就要确定它的主要受益者——农民对技术的要求，即既能满足一定的生产功能，又符合现代生活的品质要求。

国家颁布的《农村户厕卫生规范》（GB19379-2012）规定，"无害化厕所是指按照规范要求使用时，具备有效降低粪便中生物性致病因子传染性设施的卫生厕所"。三格化粪池式、双瓮式、双坑交替式卫生厕所都是针对粪污无害化处理设计的农村户用厕所。不同地区依据当地的气候特点、水资源状况、经济条件、农户居住结构（集中或分散）等特点，可以选择相适应的厕所类型。除了气封式新型卫生厕所，其他六种农村户用卫生厕所的技术模式都已经过了长时间的实践，如三格化粪池式和双瓮式始于20世纪80年代，但使用时间长并不能说明这些卫生厕所技术模式的普遍适用性。

1. 不适配复杂的地形与气候条件

对于河镇政府部门而言，当地之所以会采用"半改式卫生厕所"，

---

① 詹姆斯·C. 斯科特：《国家的视角：那些试图改善人类状况的项目是如何失败的》，王晓毅译，北京：社会科学文献出版社，2004年，第425~527页。

与基层政府面临的环保要求和施工难度密不可分。河镇所在区域是水源保护地，有非常严格的排污限制，而目前当地没有统一集中的排污管网，因此无法推广水冲式厕所。农户自建的水冲式厕所产生的粪污都是直排河道，显然这严重违反了有关的环保规定。如果安装三格化粪池则需要对原来传统的旱厕粪坑进行处理，重新挖一个占地面积更大的坑，以便安装化粪池。河村户户紧邻，扩建厕坑可能占用他人空间或者公共空间。同时，扩建厕坑所耗费的人工已经超出了国家对厕所改造的补贴。

三格化粪池式卫生厕所最早出现在气候温暖湿润的平原地区，在应对山区复杂的地理条件和气候条件时，出现了明显的"水土不服"。G省是山地型高原，河镇属于典型的黄土梁、沟壑和河谷地形，地势起伏，村落分布常常有高低错落之分。当地干旱频发，水资源宝贵。已经采用三格式卫生厕所类型的G省其他地区，主要面临两大技术瓶颈。一是前端的进水管道冬季因气温低容易被冻住，从而导致机械式冲水变成手动冲水。二是末端处理需要抽粪车辅助，道路阶梯状分布或狭窄会使抽粪车无法抵达。此外，修建时如果没有充分考虑山区的地形地势特征，可能导致冲水不足或冲水过多。

2. 侧重农业生产功能而忽视生活功能

随着国家的发展与农村社会的变迁，粪肥在农业生产中的突出地位早已经被化肥替代，如今人粪作为肥料的比例甚至低于禽畜粪便。许多依然从事农业生产的农民也已经对粪肥的使用采取了两可的态度。而且，在农村劳动力逐渐超老龄化的背景下，粪肥的使用日趋减少。相比于人粪肥，人们在选择有机肥时，更倾向于购买可以直接使用的禽畜干粪。从表1中可以看到，随着时间的推移，农民种植一亩地所使用的不同肥料占比不断变化。其中，无论是人粪肥还是禽畜粪肥的使用都在下降。作为预估数值，每个村庄会因为自然条件、养殖方式、耕作习惯等略有差异，但总体趋势近似。随着人粪肥逐渐淡出农业生产领域，厕所的储粪功能也在转变。但是，国家推行的无害化卫生厕所类型的技术重心仍然是粪污转化为可利用的肥料。

表 1　河村农民亩均耕作使用粪肥和化肥的变化

时间段	粪肥比例		化肥	具体说明
	人粪	禽畜粪或其他传统肥料		
20 世纪 50 年代	90%	禽畜粪 5%，灰肥 5%	无	少量鸡、猪等的粪便，自养自用
20 世纪 60 年代	75%	禽畜粪 15%，灰肥 5%	约 5%	羊、骡、马等生产队集体养殖的禽畜的粪便；耕种时施肥，粪肥和化肥用于子肥，化肥一般是泔水
20 世纪 70 年代	60%	禽畜粪 15%，灰肥 5%	约 20%	羊、鸡等生产队集体养殖的禽畜的粪便；粪肥和化肥用于子肥，化肥是泔水、硝铵、二铵等
20 世纪 80 年代	45%	禽畜粪 20%，灰肥 5%	约 30%	猪粪、鸡粪，自有自用；粪肥和化肥用于子肥，灰肥用于追肥；化肥有尿素、硝铵、氮铵等
20 世纪 90 年代	30%	禽畜粪 12%，灰肥 3%	约 55%	猪粪、鸡粪用自家的，会有部分买卖；粪肥和化肥用于子肥，化肥用于追肥；化肥有尿素、硝铵、磷肥等
21 世纪	1%	1%	98%	肥料以化肥为主，购买禽畜粪便；各种化肥，复合肥料

注：笔者根据村民提供的信息整理。

虽然厕所与农业生产的关联减弱，但其与生活的关系更加紧密。农民希望通过厕所的"升级"，在某种程度上享有和城市居民一样的生活体验。在农村户用卫生厕所的类型中，除了三格化粪池式和集中下水道收集式可以从感官上满足农民对于厕所的舒适性、便利性、卫生的要求，其他四种厕所类型都达不到这些基本要求。[1]

3. 忽视农民经济能力的差异性

使用机械抽粪的方式可以将农民从繁重的体力劳动——淘粪、挑

① 范彬、王洪良、朱仕坤、张玉：《我国乡村"厕所革命"的回顾与思考》，《中国给水排水》2018 年第 22 期。

粪、运粪过程中解放出来，但使用抽粪车是有偿服务。河村的抽粪服务完全市场化，无论远近，只要一个电话，便可以预约上门。价格根据距离的远近有所不同，有 50 元、80 元、100 元，甚至更多。如果使用三个化粪桶，出粪口小，只能采取机械式抽粪。由于粪污收储容积比过去的粪坑小，过去半年或者一年抽一次粪，现在演变成 1 个月或几个月就要抽一次。这将成为一项长期稳定的家庭支出，因此，即使经济条件好的农民，也会核算成本。而这对经济条件稍差一些的农民家庭，可能造成一定的负担，因为"过去自己淘粪辛苦，但是省钱"（访谈资料）。

从对粪污的资源化利用这点出发，可以观察到国家目标与农民日常生活的趋同。我们可以从两个方面理解这一趋同。一是农民的确一直维持粪污的资源化利用——粪肥还田，只不过现在强调要经过无害化处理后还田。二是粪肥还田本身已逐渐变得不再重要。化肥和其他有机肥的可获得性和便利性，以传统方式种植的农民的数量的减少，农民对城市化生活的复制，农村公共服务体系的建立与完善，等等，都不同程度地促成了传统肥料逐渐淡出历史的舞台。

《农村厕所粪污无害化处理与资源化利用指南》和《农村厕所粪污处理及资源化利用典型模式》中也提出了不同的粪污资源化利用建议，除了粪肥还田，还可以将粪肥用于人工绿地（景观）、用作制作能源的原材料，倡导人们开发多元化的粪污资源化利用方式。农村的粪污处理一直难以建立统一的处理系统。我国地理环境差异大，地形地貌复杂多样，农村大多分散居住，这对铺设污水管网和后期运行维护提出了更高的技术要求和资金要求。目前的技术研发已经出现了可以分户或者联户安装使用一体化污水处理系统，入户用净化槽，但实践中尚无成熟的应用案例。

基层政府正是在国家的干预与农民的诉求中做着艰难的"平衡"：一方面，它需要完成上级政府下达的既定任务，实现国家干预的预期目标；另一方面，它也要在一定程度上满足农民对提高生活品质的基本要求。基层政府制定了有"针对性"的解决方案：不再使用容易出问题的技术设备，避开技术问题。基层政府强调这种"因地制宜"的改厕方式的出发点是保护当地水源——不排放污水到河流（既是传统途径，也是技术改良后的预期途径）。厕改的任务指标仍然需要完成，作为最直接的厕所革命执行者，拥有多重身份的基层干部既要保证能够完成既有的工作，也需要缩小农民需求与国家干预之间的差距。对卫生厕所的"面子"工程的改造虽然是为了避免可能的技术问题，但还要考虑让农民看到有些"改变"。

五　结论与讨论

基层关于农村户用厕所改造的创新可能只是国家、基层政府和农民三者之间多重博弈之下的变通，是多重压力之下的一种选择。真正的因地制宜，应当是在充分考虑当地的自然条件、经济水平、生活习惯等综合因素之后，发展出不同类型的水厕或者旱厕。即"宜水则水，宜旱则旱"。

1. 技术"滞后"可能导致未来的重复建设

技术本身是一个社会建构的过程。随着农村现代化的进程，农村社会变迁还将继续深入，厕所改造的技术将随之更新。从现状与趋势可以观察到，城市化、现代化对农民的影响是深刻而全方位的。便捷的生活设施是人们定义现代化生活的标准之一，其中包括使用抽水马桶。尽管大部分农村地区尚不具备收集污水的公共服务设施，但先富裕起来的农民早已将配备了抽水马桶的卫生间建到了室内。随着农村污水处理系统的建成和完善，这一目标将会逐步实现。然而，现行的干预政策下建成的厕所，可能会面临再次改造和重建，以便满足农民对现代化生活和现代农业生产模式的需求。

经济发达地区或水资源丰富的地区，大部分农户家庭自建了水冲式厕所。部分居住集中的村庄实现了污水并入管道，再由集中的污水处理设施处理后进入再循环。山区的农民户用厕所改造，可能会面临由居住分散、地形复杂等导致建设污水管网成本增加的问题。尤其是后期的运行和维护将会是持续的高昂的支出。

2. 农村社会变迁导致农民需求的多样性

如果单纯地将农村的厕所改造视为修建更多美观的厕所，那么它的"革命"性意义将荡然无存。环卫系统产业链的五个环节包含储存、清掏、运输、处理、倾倒或回用，这五个环节形成了一个完整的卫生系统价值链，农村厕所改造正是要在这五个环节上尽力做到无害化处理，降低健康风险。中国的发展正面临越来越多的资源与环境的约束和越来越大的压力，这意味着国家在平衡发展与保护之间的矛盾时要做出更多审慎的考虑和选择。农村与城市的区别在于它与自然环境的天然联系更密切，无论是农业生产还是农民的生活，都与周围的环境有着更为直接的关联。这也为继续探索和实践永续的生产与生活方式提供了可能。这意味着，不能直接复制城市的粪污处理方式，需要在综合卫生、环境、经济和可持续发展目标等多种因素下，在现有的技术条件下生成更具有创新性的解决方案。城市处理粪污采用水冲式的厕所与管网收集模式。这一模式已经带来了一系列巨大的挑战，水冲厕所和污水处理厂都需要大量的水。为了除去粪便里大量的氮磷营养物质，污水处理厂要耗费近百倍的"干净"水来稀释。目前污水处理厂处理过的水有些难以达到环境水体的要求。

国家治理宏观愿景的一致性与乡土社会村民日常生活的多样性之间存在巨大的差异。前者是"一张蓝图"，后者是"千村千面"。在实践中，要充分考虑这一点。乡土的日常生活并没有随着现代化的浸染和城市化的渗透而消失殆尽，反而因为农耕生活的延续而得以存续。在政策目标指向农业农村现代化的大背景下，必须看到农村生活的千姿百态和农民需求的多元性。农民的生活不仅仅缘于惯习，更出自他们世代与当地的自然环境相生共处的智慧。

国家干预的目标是希望各个地方政府因地制宜，按照不同的条件和需求，实施"一村一策"甚至"一户一策"，以便能够满足农民个性化的需求。但同时国家又规范了七种无害化卫生厕所类型并在全国各地推广。比如在北方地区，最为常见的甚至只有一种卫生厕所类型。地方政府用简单化的方式满足多元化的需求，实际上是不适配的。在农村社会剧烈变迁的背景下，现阶段的农民对于厕所的需求呈现前所未有的多元性和复杂性。以末端处理，即以粪污资源化利用为核心改造厕所，显然已经不能满足农民的需求。

城市"卫生的、集中的、资本密集型的"污水处理系统替代了前工业时代"混乱的、分散的、劳动密集型的"系统，[①] 这成为城市现代化生活的表征，更成为日后农村人向往的"现代的、便利的、先进的"城市生活的发端。如果说产业发展的策略引导他们逐渐放弃传统肥料技术，转而应用化学肥料技术，那么制度和政策的话语则构建了他们对于厕所相关的疾病与健康知识，城乡关系的二分是他们奔向"城市生活"的驱动力，而消费主义则赋予了他们实现城市生活的可能。改革开放四十多年来，无论是"重城抑乡"引发的城乡二元化，还是农民进城务工经历的城市与农村生活落差带来的冲击，关于现代性的想象与向往以城市生活为模板，都通过各种途径渗透到农村生活的日常当中。所有关于"现代"的话语伴随农民的流动构建起农民对现代性的认识和解释。话语建构的程度、范围与影响都远甚于技术应用与技术扩散带来的改变。

---

① 史明正：《走向近代化的北京城——城市建设与社会变革》，王业龙、周卫红译，杨立文校，北京：北京大学出版社，1995年，第109页。

乡村生活方式研究的经验路径与政策定位

——兼及人居环境建设的反思

杜　鹏[*]

　　摘　要：在现代性力量影响下，中国乡村生活方式正处于剧烈变迁过程之中，并引起国家的回应和介入。本文着眼于人居环境建设的契机，探究乡村生活方式的基本构造，进而揭示乡村生活方式研究的经验路径。乡村生活方式研究需致力于发掘乡村生活的自然底蕴、尊重乡村生活的生产面向并探寻农民的生活动力，从而把握农民的生活逻辑。如此，乡村生活方式研究才能充分彰显社会学的想象力，人居环境建设才能超越碎片化的治理状态，真正引领农民生活方式的变革。

　　关键词：乡村社会　生活方式　人居环境建设　自然底蕴　生活逻辑

　　随着现代性力量的涌入，中国乡村社会正处于前所未有的变迁过程之中。在这剧烈的变迁中，乡村社会原有秩序重组，传统与现代交替之下的乡村社会秩序呈现极大的复杂性和不稳定性。这种复杂性和不稳定性鲜明地投射在农民的日常生活之中，深刻地影响了乡村生活方式，掀起了静悄悄的生活革命。除了市场力量的冲击，农民生活方式变革也逐渐成为重要的治理命题，这可见于近年来各地相继推进的农村人居环境建设。人是环境中的生活主体。作为地方政府的治理行动，人居环境建设具有丰富的意涵，它不仅包含了环境设施等硬件层面的改

---

　　* 杜鹏，南开大学社会学院副教授，研究方向为农村社会学、基层治理等。

造，典型如厕所革命、垃圾清运、污水处理等方面，而且包含了生活习惯、价值观念等软件层面的引导。人居环境建设实践必然将变迁中的乡村生活方式与国家关于农民生活的应然想象置于一个互动情境。更重要的是，当国家通过人居环境建设的实践介入乡村生活系统时，难以避免以问题化的视角来看待乡村生活方式，这样一来，什么才是契合乡村的生活方式？如何研究乡村生活方式？对这些问题的认识，直接影响着国家引领农民生活的方式和路径。

党的十九大报告指出，当前中国社会主要矛盾是人民日益增长的美好生活需要和不平衡不充分的发展之间的矛盾，回应农民美好生活需要，不能不重视乡村生活方式研究。乡村生活方式是农民日常生活逻辑的集中体现，它反映了变迁乡村社会中最柔软、最细腻的层次，乡村生活方式因而刻印了乡村社会变迁的深层轨迹。在乡村生活方式变迁背景下，人居环境建设实践为理解乡村生活方式提供了一个具体的经验窗口，反过来，基于乡村生活方式的在地化理解，才能探索出因地制宜、可持续的人居环境建设方案。为此，笔者将立足转型期中国乡村社会的经验基础和人居环境建设的政策框架，探究乡村生活方式研究的可行的经验路径，进而反思乡村生活方式研究的政策定位。

一　乡村生活方式研究：问题与反思

在近年来的研究文献中，"日常生活"是一个经常出现的词语，"日常生活转向"则是社会学理论演进的一个重要趋势。日常生活转向的理论脉络呼应了现代城市社会的经验基础。若立足中国社会转型背景，日常生活的面向比较混杂模糊，这尤其体现在乡村日常生活的复合形态。作为日常生活的限定词，乡村不仅规定了日常生活的地理坐标，而且以其自身的历史基础和制度意蕴深刻影响了乡村生活方式。大体而言，中国乡村生活方式研究还存在比较明显的局限，主要体现在经济取向、结构依赖和实践本位三个方面。

一是乡村生活方式研究的经济取向。生活方式具有丰富的意涵，包含了经济、文化、社会等不同维度。所谓经济取向是指，研究者偏重于强调物质、资源等要素对生活方式的影响，倾向于从经济资源配置层面探究乡村生活方式的构造。经济取向主要借鉴了马克思的理论传统，强调经济基础的重要性。因此，这种研究取向聚焦农民的生产模式、收入状况和消费支出，以此衡量农民生活方式的状况和生活方式的变革。① 尤其值得注意的是，随着农民卷入市场化程度的提高，农民的消费水平甚至被视为衡量生活方式现代化程度的重要标志。在这种取向下，回应农民的美好生活需要主要依赖于发展农村经济和增加农民收入。问题是，从中国农民生活方式变革的现实逻辑来看，农民收入增加并不必然导向良性的生活方式，反而可能陷入消费主义的泥淖。②

二是乡村生活方式研究的结构依赖。在西方社会学理论视野中，日常生活本是一个"领域性"概念③，是私人生活的加总，故可认为是去结构化的。而在中国乡村社会中，家庭和村庄是日常生活的两个重要的结构支点，定义了农民生活的基本路径，中国乡村生活方式研究因而呈现比较鲜明的结构依赖特征。传统乡村生活可以比较完整地包裹在家庭、村庄的结构之中，家庭是农民过日子的基本单位，而村庄则是家庭生活展开的主要场景。在家庭本位的伦理导向下，乡村生活方式研究可在一定程度上化约为农民家庭生活的研究。④ 依托这些内生性的结构固然有助于把握农民日常生活的整体特征，但这种研究进路也存在局限，即容易以日常生活的"骨架"替代其"血肉"，其结果是，看似抓住了日常生活，却遮蔽了日常生活的丰富性。

---

① 谢凤华、刘国栋、龙芮希：《收入结构对农民生活消费支出影响的区域差异分析——基于 1998~2013 年省际面板数据的实证研究》，《湘潭大学学报》（哲学社会科学版）2015 年第 5 期。
② 徐京波：《消费主义与农村个体化趋势》，《华南农业大学学报》（社会科学版）2013 年第 4 期。
③ 沟口雄三：《中国的公与私·公私》，郑静译，生活·读书·新知三联书店，2011 年。
④ 陈辉：《过日子：农民的生活伦理——关中黄炎村日常生活叙事》，北京：社会科学文献出版社，2016 年。

三是乡村生活方式研究的实践本位。日常生活处于流变之中，其去结构化的特征决定了其与"实践"之间的亲和性。实践本位的研究取向是指将日常生活作为透视外部制度系统运转的深层基础，在日常生活流变过程中理解制度、政策的实践逻辑。例如，在国家资源下乡背景下，一些研究尝试立足乡村生活探究政策偏差的深层动因。[①] 上述研究取向固然以实践之维呈现了日常生活的复杂性，却无法规避日常生活的工具性定位，致使日常生活沦为不同权力主体竞争的场景或背景[②]，这显然不足以支撑起完整的乡村生活方式研究。更重要的是，实践本位的研究取向预设了日常生活与制度系统之间的对立状态，偏重于强调农民生活逻辑的自发性，而忽视了国家引领农民生活方式的可能。

以上分别从经济取向、结构依赖和实践本位三个方面评述了中国乡村生活方式的研究传统。应该说，这些研究从不同层面展现了乡村生活方式的特征。需要注意的是，上述乡村生活方式研究具有鲜明的时代印迹：经济取向植根于中国后发内生型的现代化路径，无论是乡村社会有限的农业剩余，还是城乡二元体制下对乡村的限定，都凸显了经济因素之于农民生活的重要性；同样的，"家庭-村庄"本是乡村社会的基本结构，直接定义了农民的生活逻辑。因此，与经济还原论和结构还原论适配的是乡村生活方式的传统形态。然而，当下乡村生活方式正处于快速变革过程中，随着农民生活逻辑扩张，还原论的研究视角已不合时宜，它无法及时有效地捕捉到农民日常生活中出现的新现象和新问题。为此，需要拓展乡村日常生活的经验研究视野，建立一个富有包容性的理解乡村生活方式的框架，具体而言，这对研究者提出了两点要求：一是超越还原论的认知倾向，基于农民生活逻辑形成对于乡村生活方式立体的丰满的认识；二是超越传统/现代二元对立视野，基于农民生活

① 李鹏飞：《生活日常、政策执行与自治效能的失调——村委会换届选举非均衡现象的一种解释》，《广西大学学报》（哲学社会科学版）2022年第2期。
② 蒋锐：《场景参与与村民日常生活实践的政策嵌入——基于琼西南小岭村的经验考察》，《中国农村观察》2021年第2期。

逻辑理解乡村生活方式的渐进性变迁逻辑。在这个意义上，乡村生活方式研究并不是要"重起炉灶"，而是将生活方式变革的经验轨迹置于农民的生活逻辑之中，从而使生活方式成为可理解的整体经验。

事实上，农民日常生活研究长期以来是一个隐而不显的学术命题。这种状态与日常生活作为一个研究对象本身在经验层面的模糊性有关。或许正因如此，日常生活常常是哲学研究的领地。而一旦降格到经验层面，日常生活研究就容易碎片化为生活事件的研究，难以窥见生活方式的全貌。具体到中国乡村社会中，长期以来，囿于农民与土地的生产性关系，生活与生产常常难解难分，且生活甚至不得不依附于生产。另外，家国一体、公私融通的社会文化传统模糊了私人生活的边界①，这都给乡村生活方式的经验研究带来了困难，并集中体现在其作为经验对象的"总体性"或"剩余性"的两难困境。在前者，似乎无论什么内容都可以纳入日常生活这个范畴，这样一来，日常生活就成为一个非常宽泛的概念，乡村生活方式研究必然趋近于乡村社会研究；在后者，相关研究倾向于将日常生活视为一个孤立的、脱卸了结构与制度之外壳的范畴，特定的生活方式因而被寄托了某种批判取向，即将结构、制度视为日常生活的"压迫者"或"殖民者"。显然，这两种定位都存在局限，而摆脱困境的关键是，在变迁的乡村场景中沿着农民的日常生活逻辑标定生活方式的边界和范围。到底哪些要素可以纳入生活方式，这些要素又如何塑造生活方式，最终都依赖于对农民生活逻辑的界定。可见，乡村不仅是承载生活方式的容器，而且通过塑造农民生活逻辑而规定了乡村生活方式的外延。②

乡村社会变迁是乡村生活系统重组的过程。尤其是21世纪以来的市

---

① 郭亮：《家国关系：理解近代以来中国基层治理变迁的一个视角》，《学术月刊》2021年第5期。

② 在本文中，日常生活是一个基本概念，以此概念为基础可区分"生活逻辑"和"生活方式"这两个次生概念。在逻辑上，生活逻辑反映了生活主体的意志，故与"农民"这个主体搭配，而生活方式则是主体生活意志的一种客观化的呈现，它虽然发轫于特定的生活逻辑，却不依附于特定主体，故与"乡村"搭配。

场化力量进一步推动了乡村基础结构转型，乡村生活方式在变迁中出现了一些问题，农民生活秩序失调，并逐渐引起国家的关注。值得注意的是，问题化了的乡村生活方式其实从反面预示着日常生活作为一个相对独立的经验主题愈益从乡村社会中浮现，并获得了相对自主的实践空间。在日益开放的乡村社会中，农民生活逻辑逐渐突破乡村原有结构的束缚，并不同程度地吸取了市场、国家等力量，乡村生活方式呈现复合、混杂的特征。对此，只有从农民生活逻辑出发，才能展开乡村生活方式的经验脉络，使人居环境建设真正嵌入乡村社会生活。接下来，笔者将基于农民日常生活逻辑探究乡村生活方式研究的经验路径，进而提供一种理解生活方式的中观视野。这既可避免陷入抽象思辨的日常生活研究，又可避免陷入无比琐碎的经验细节，从而激发乡村生活方式研究的社会学想象力。

二　乡村生活方式研究的经验路径

在经验层面，乡村生活方式体现在诸多日常生活细节之中，最直观的如衣食住行，而人情往来、仪式信仰则反映了农民生活的深层逻辑。生活方式的经验研究当然可以只撷取其中特定的层次或片段，但是，对于乡村生活的洞察还需发挥社会学的想象力，以小见大，管中窥豹，揭示特定片段所预示的生活方式。可见，乡村生活方式是一个富有张力的经验对象，这意味着研究可能陷入无比琐碎的生活细节之中，或沦为飘浮在空中的泛泛而论，由此凸显了研究路径的重要性。研究路径承认生活片段之间连接的可能性，从而既着眼于具体生活经验，又蕴含了理解日常生活经验整体的取向。依托经验路径，生活片段之间相互连接，进而构建了乡村生活方式的认知框架，如此才能从撷取的生活片段中窥探乡村生活方式之全貌。时代变迁背景下乡村生活方式的混杂性决定了经验研究路径的多样化和开放性，故应警惕还原论的认知陷阱。在这一部分，笔者将着眼于农民生活逻辑的不同层次，建立一个包容性的理解乡村生活方式的框架。

（一）发掘乡村生活的自然底蕴

在理论层面，日常生活是一个现代性的概念，城市是日常生活的基本装置，它在很大程度上隔离了自然与社会的关联。与城市不同，乡村具有浓厚的自然属性，这是乡村生活的底色，在这自然基底之上孕育了关系绵密的乡村社会。长期以来，研究者主要从社会维度观照乡村生活方式，乡村的自然属性并未引起研究者足够的重视，本是乡村社会之基础的"土地"也在很大程度上具有了文化象征的意义。[①] 作为自然的乡村是农民生活的背景，自然性如何塑造乡村生活方式，亟待引起研究者的重视。在当前乡村生活方式研究中，需自觉引入乡村的自然之维，真正发掘乡村生活方式的本色。

传统乡村社会在长期实践中形成了许多因地制宜的生产生活方式，体现了人与自然和谐共存的理念。乡村自然环境不仅为农民提供了丰富的生存资源，而且消纳了农民生活的排放物，由此形成自然与社会之间的良性循环。工业化、市场化等力量消减了农民与自然环境之间的有机关联：一方面，农民越来越多地通过市场的方式获取资源，由此带来的货币化压力倒逼农村劳动力的市场化，农民不得不通过外出务工以获取更多的货币收入；另一方面，市场供给的主要是工业产品，工业生产逻辑决定了这些产品超出了乡村自然环境的承载力，由此产生了突出的人居环境问题。人居环境问题客观上将乡村的自然之维推到了乡村生活的前台。事实上，人居环境问题是乡村社会在通往城市化和现代化过程中产生的（观念和实践层面），而正是现代化的生活理念反衬了乡村自然环境的重要性。在这个意义上，当前人居环境问题凸显的背后是乡村生活方式的革命。具体而言，乡村自然底色主要从如下两个方面塑造乡村生活方式。

---

① 费孝通：《乡土中国 生育制度》，北京：北京大学出版社，2007 年。

一是生态性。中国的城市化是一个渐进的过程。在这个过程中，中西部农村普遍形成了"以代际分工为基础的半工半耕"的家计模式。[①]年轻农民进城务工，在从城市获取经济收入的同时习得城市生活方式，健康、绿色、有机已经成为衡量生活方式的重要标签，并在城乡流动中向乡村社会扩散，融入农民日常生活逻辑。笔者在各地农村调研时发现，即使是村庄中的老年人，也常常颇为自豪地强调自己种的粮食和蔬菜是有机的。在这些话语的映照下，农民长期延续下来的一套生产方式，例如种菜、养猪、养鸡等反而具有了显著的生态价值。还要承认的是，正是城市化和工业化降低了对于土地的经济依赖程度，缓解了农民剥夺性利用自然而产生的紧张关系，减轻了乡村自然环境承载的资源供给负担。事实上，当农民家庭经济收入主要依赖土地时，紧张的人地关系更可能导致掠夺性的农业生产方式，这难免造成环境问题凸显。中青年人大量外出务工带来的"去过密化"使农业生产逐渐回归人与自然之间的一种相对舒缓的状态，乡村生活方式得以复归一种生态和谐的状态。生态性的生活方式不仅是农村老年人自主养老的有机内容，而且回应了年轻人对于当下农村生活方式的想象。基于代际合作的家庭分工模式，这种想象可以在父代对子代的支持中成为现实。

二是简约性。当前乡村社会总体上面临着中青年人外流的处境，老年人是农业生产的主体，由此呈现为"老人农业"的特征。"老人农业"形态主要包含两个方面：一是常规的粮食种植；二是庭院经济，主要是打理菜园、养猪养鸡等。从资源投入的角度来看，"老人农业"无疑是保守的，老年劳动力投入农业的机会成本很低，在身体条件允许的情况下，他们倾向于精耕细作，例如，人工除草，既可减少农药成本，又可消磨时间。"老人农业"维持了自给自足的经济系统。值得注意的是，这种低成本的、简约的生产方式恰恰具有生态友好型的特征。在这个意义上，回归乡村生活的自然底色也是"老人农业"经营逻辑

① 夏柱智、贺雪峰：《半工半耕与中国渐进城镇化模式》，《中国社会科学》2017 年第 12 期。

的内在要求。

总之，在乡村社会变迁过程中，农民的日常生活并不必然背离乡村的自然基础。相反，农民日常生活逻辑中蕴含着回归自然基础的深层动力。生态性和简约性可以在中老年农民的日常生活逻辑中通约，从而在城市化进程中激发了乡村自然之维对于生活方式的建构作用。回归自然的乡村生活方式转向蕴含着现代性的反思。当然，需要注意的是，能否形成生态的、简约的生活方式，还取决于下文将进一步探究的生活动力及在其引导下的生产实践。在这个意义上，乡村生活方式研究需要扩展视角，发掘乡村社会的自然基础，并有意识地利用乡村的自然治理，形成合乎自然的生活方式。

（二）重视乡村生产的生活面向

在西方社会学理论脉络中，日常生活的浮现本身源于对资本主义生产体系的批判，从而承载了复杂社会中的自由之实现的期待。在这种价值取向之下，日常生活这一概念范畴自然要与生产体系划清界限，以维系日常生活领域的自主性和纯粹性。然而，中国乡村场景中的日常生活形态有所不同。长期以来，乡村的典型特征是生产、生活的一体化，农民日出而作日落而息，循环往复。在这种模式下并不存在一种纯粹日常生活。在农忙之余，农民还要从事副业，即便是冬季通常也需要清沟清淤。生活在很大程度上是农业生产的附属物和调剂品，这通常见于农耕过程中形成的各种带有地方特色的舞蹈、歌曲等。因此，传统乡村生活方式具有显著的生产导向，生产对于生活的规定性意味着循着生产逻辑可深入农民日常生活世界，生产主导的生活方式相对单调和简单。在乡村社会变迁过程中，日常生活的能动性大大地提高了，并摆脱了传统农业生产模式的束缚。无论是农业生产力的进步，还是农民外出务工，都弱化了生产对于生活的规定性。从农业劳动束缚中解放出来的农民对于日常生活的筹划具有了更大的自主性。相对于生产导向的生活方式，当下则可称为面向生活的生产逻辑。

首先，农民外出务工是农民生活逻辑的表达。长期以来，村庄是农民自然而然的生活世界，流动并非生活的常态。然而，在现代性力量的浸润下，农民生活的压力和风险极大地增加，诸如买房、结婚、教育、疾病等重构了农民生活的节奏，浸润在市场压力中的家庭对货币的需求急剧增加，外出务工因而是当下农民过日子的常态。需要注意的是，农民进城务工是以劳动力要素的形式参与城市经济体系的过程，但是，城市对于农民生活方式的影响还依赖于农民的生活逻辑，后者决定了农民进城务工的取向。换言之，进城务工的工具性越强，城市生产系统对于农民生活方式的影响越小，农民越是专注于最大化的资源积累，以回应其紧迫的现实生活需要。而在家庭生命周期的不同阶段，生活压力的分布是非均质的。一般来说，子代婚配是压力的最高点，不同阶段的非均质生活压力影响了农民务工的进退节奏和行业选择。压力大，则进城务工，且从事工资更高但更辛苦甚至更危险的工种。

其次，生活逻辑重新定义了农业生产模式。在广阔的中西部农村，农业生产依然是乡村社会系统运转不可或缺的支撑。不同之处在于，农民生活逻辑在市场力量刺激下释放了较大的能动性，且摆脱了对于农业的生存型依赖，从而为基于生活需要而调整生产方式提供了空间。当前农民环境观念和健康意识的变化是城市生活方式向农村扩散的结果，农民倾向于将城市的生活方式贴上"更先进、更现代"的标签。在中西部地区一些村庄，由于城乡之间要素流动频繁，农民自觉改变生活方式，例如，健康卫生意识增强，并按照城市住房风格改建、装修房屋（典型的方式是改建卫生厕所），硬化院落地面或场地，在这种生活逻辑的支配下，农民倾向于引入绿色有机的农业生产方式，庭院经济形态也悄然转变。例如，家禽从传统的散养改为圈养①，这不仅可以减少其

---

① 关于这一细节可做一些补充说明。对于此前庭院经济形态下形成的家禽散养模式，一个重要因素是，农民忙于农业生产，无暇及时喂养，且喂养耗费人力物力，而散养则省时省力，至于散养带来的粪便，在当时农民的生活方式下，并不是一个问题。换言之，在生产逻辑的限定下，生活中"洁净"的标准可以容纳这种内生于农业生产系统的要素。

对于环境卫生的负面效应，而且可以减少因家禽糟蹋邻居菜园而产生的邻里冲突。在这个意义上，"洁净"的评价标准已经指向日常生活本身，而农业生产环节的附属物逐渐被从"洁净"的范畴之中驱逐。此外，当乡村社会关系密度逐渐稀释，村庄社会关联弱化，农民青睐无负担的村庄生活。这种生活逻辑延伸到生产层面的结果是进一步消解帮工和换工的生产体系，市场化的雇工模式代之而兴。

总之，乡村生活方式研究需要承认生活与生产的关联。生产虽然不足以定义乡村生活方式，却是透视生活方式变革的重要窗口。尤其是当我们将视角更多聚焦乡村场景中的生产生活方式时，不能不承认老年人作为乡村生活主体的现实。这方面的研究常聚焦年轻人，其中的预设是，年轻人是生活方式变革的积极拥护者。由于年轻农民的生活场景是城市，基于年轻人的生活方式研究难免反映的是城市场景的辐射，而忽视了乡村场景中生产生活体系本身的变革，即看似保守的"老人农业"却承载了颇具现代价值取向的生活经营。事实上，只有理解了乡村生产生活体系的变革，才能界定农民外出务工的逻辑。总之，乡村生活方式不再仅是生产的点缀和调剂，它从农民能动性的日常生活逻辑中获得了滋养，而变得愈益丰富多彩。因此，乡村生活方式研究不能先验地设定一个孤立于生产的日常生活，这有违乡村生活的真实逻辑。正是由于乡村的自然底色，乡村的生产体系保留了不同于资本主义生产体系的特质，从而在一定程度上缓冲了市场力量的冲击，维系了农民生活的主体性。更重要的是，乡村本身相对低度分化的特征也决定了生活与生产的联动。在这个意义上，生产模式是生活方式的一种表达，进而提供了深入农民生活逻辑的重要抓手。

（三）追寻农民的生活动力

农民日常生活能动性的背后是生活动力机制之变。只有深入农民生活动力的层次，才能理解乡村生活方式的自然之维与生产模式。生活动力在根本上决定了农民的生活逻辑。传统农民的生活动力具有结构规约的显著特征。家庭本位的伦理原则设定了家庭作为生活的归宿。在传统乡村社会中，农民基本上很难摆脱家庭规范的束缚，农民生活逻辑缺乏自主空间。在此情境下，家庭伦理、家庭结构对于家庭生活具有高度的规定性，家庭生活确实可在相当程度上化约为家庭成员的伦理实践。类似的逻辑也适用于村庄。传统村庄是一个低流动的封闭的社会，且基于血缘、地缘关系而形成强度不等的结构。村庄生活或者被生产过程支配，或者在人情交往中被建构，生活主要体现为"闲暇生活"的形态。而且，闲暇生活通常承载了村庄公共秩序再生产的负担，可谓是"暇而不闲"。因此，对于村庄社会的结构分析掩盖了对于农民公共生活的分析。总之，家庭主义的伦理体系和熟人社会的规范塑造了农民"即凡而圣"的日常生活逻辑，伦理动力主导了农民生活，这自然抑制了乡村生活方式的扩张。

如前所述，当下农民的生活动力已突破"家庭-村庄"结构的限定。在开放的市场条件下，农民愈益脱离土地的束缚，城乡、地域之间的流动已经是农民家庭再生产的必要条件，家庭伦理虽然具有相当的韧性，但农民生活动力已经超出了传统伦理，即使家庭依然还是农民的最终归宿，但生活内容的丰富性显著提升了。与此同时，随着乡村社会的日益开放，村庄结构的规约能力弱化，农民自主安排生活的能力增强。突破村庄生活研究的结构限定，也需要采取一个反思性的视角，即不再视村庄社会（农民如何相处、交往）为理所当然，村庄社会融入了家庭的生活目标和生活规划。所以，当下的乡村生活方式研究需要重新定位家庭和村庄的作用，具体而言，应引入市场变量，在"农民-家庭-村庄-市场"的结构下定位农民的生活动力。市场变量的介入消解了家的神圣性和村庄的自在性，市场不仅可以重置农民的生活目标，而且决定了农民可供实现生活目标的资源和手段。在这个过程中，家庭和村庄都可能基于生活逻辑而重塑。结合田野情况来看，大致有两个向度——功能向度和情感向度。

功能向度反映了农民与市场遭遇而带来的生活目标与生活手段之

间的紧迫性。在当前一些中西部地区，农民卷入市场体系，承受着比较大的压力和风险，当农民缺乏与之适配的资源禀赋时，一个权宜性的办法就是家庭动员，通过最大化家庭成员的配置效率获取尽可能多的资源。而家庭的充分动员必然影响家庭与村庄之间的关系模式，即根据工具性的考量筛选村庄社会关系，倾向于维系具有支持性的村庄社会关系，而一些"无用"的人情关系可以退出，这必然在很大程度上消解村庄社会关系的价值性。因此，农民生活逻辑呈现显著的功能导向，这种生活方式因而蕴含着内在的张力，且对于外部环境的变化颇为敏感。这种功能导向的生活逻辑自然也通过生产逻辑扩展到农民与自然的关系。

情感向度反映了农民与市场之间相对从容的关系，原因或是市场压力本身并不显著（市场区位条件好），或是压力无法传导至家庭。家庭压力不大，而家庭关系在市场化进程中呈松散化，这反而为家庭关系中的情感互动释放了广阔空间。这种变化在家庭代际关系维度上尤为典型。在当下代际互动中，由于父代和子代之间的边界凸显，双方的互动超出了伦理规则界定，主要依赖于生活场景中的建构。这样一来，日常生活中的细节都可能承载代际情感互动的意义，农民的生活内容因而成为滋养情感动力的土壤。在情感导向的生活动力下，农民往往以更平和的心态看待村庄社会关系，村庄社会生活因而显得比较从容。

总之，乡土社会已经渐行渐远，开放流动的乡村社会重新定义了家庭本位的意涵。① 功能性和情感性激发了农民的生活动力，由此形成复合的生活动力机制。在此需要强调的是，伦理并没有彻底退场，而是更多地退居到生活的后台，为功能导向和情感导向的生活逻辑提供了后盾。相对于伦理引领的生活动力而言，功能和情感导向的生活动力对于外部条件更敏感，所以，虽然张弛程度不同，但这两种生活动力均推动了乡村生活方式的变革。

① 杜鹏：《家庭本位：新时代乡村治理的底层逻辑》，《社会科学研究》2022年第6期。

（四）日常生活研究的经验脉络

以上从乡村生活的自然底蕴、生产的生活面向、生活动力等层面探讨了乡村生活方式研究的路径，且着重强调了自然性、生产性、功能性、情感性对于理解当下乡村生活方式的重要性，从而将日常生活转换为经验研究的对象。需要承认的是，乡村场景是展开日常生活经验脉络的重要前提。在中国城乡二元结构下，乡村的社会文化传统、自然地理条件、集体土地制度等在很大程度上抑制了市场力量的过度扩张。所以，农民的生活逻辑虽然卷入了市场化进程，但乡村生活方式依然别具一格。基于上文分析可以发现，当下乡村生活方式的变革并没有打破乡村社会的底层架构：自然性仍是乡村的底色，生产与生活的关联依然维持，而功能和情感的导向依然离不开伦理的兜底。可见，我们深入乡村日常生活转向的经验脉络，就可窥探到巨变时代农民日常生活的主体性，揭示乡村生活方式的韧性特征。

立足转型期乡村社会背景，日常生活的转向具有经验基础，而非理论逻辑演化的产物。所以，乡村生活方式研究的使命并不在于日常生活的批判，而在于日常生活秩序的重建。日常生活的批判其实具有显著的规范取向，它致力于构造一个自主的、不被侵蚀的日常生活世界，并以此为基点反思现代社会系统。而日常生活秩序重建则指向农民生活逻辑本身，旨在引导农民形成合乎乡村性的生活方式。如果说传统乡村中的生活方式往往是结构的隐喻或表象，那么现在的乡村生活方式则具有更强的自我指涉性。生活不在别处，而是已经获得了越来越直观、越来越多样的表达方式。更重要的是，生活逻辑成为规划生活方式的基点，以此为参照，乡村的自然属性、生产模式和生活动力得以重组。

循着农民的生活逻辑，乡村生活方式研究的经验路径呈现为渐次递进的特征。首先是乡村生活方式的自然性。在乡村场景中，自然性生动地体现在日常生活的诸多方面，而如何利用自然，进而，实现农民与自然之间的和谐关系，深刻地塑造了乡村生活方式。其次是乡村生活方式的生产性。生产是农民与外部系统互动的重要媒介，生活通过生产实践与村庄自然环境互动和关联，因此，由生产逻辑理解乡村生活方式，可以切中农民生活逻辑的节点。最后是乡村生活方式的能动性。无论是功能导向还是情感导向，都蕴含了农民积极主动地筹划生活的努力，从中可以窥见乡村生活方式之建构的深层动力。上述三个层次之间相对独立，但又相互衔接，共同构成了乡村生活方式的经验研究路径。沿着这一研究路径，可在切入农民生活特定层次的同时也不失对乡村生活方式的整体观照。

三　乡村生活方式研究的理论意蕴

日常生活研究植根于深厚的理论脉络。无论中西方理论传统之差异如何，日常生活都承载着现代性透视的理论旨趣。然而，若立足变迁中的乡村社会场景，日常生活并不是一个自明的研究对象：日常生活与生产系统、制度系统保持着若即若离的关联，且在农民生活逻辑支配下处于动态调适过程之中，因而需在其经验脉络中确定其形态。乡村生活方式的经验脉络展现了农民日常生活本身的复杂性和悖论性，由此开辟的经验研究路径也蕴含着理论生长空间。在这一部分，笔者将着眼于日常生活的经验研究路径，探讨乡村生活方式研究的理论意蕴。

一是乡村生活方式研究深化了对于乡村秩序的认识。长期以来，研究者较多地强调乡村秩序的结构性基础。家族结构、熟人社会及附着于这些结构的价值规范，被视为乡村秩序的根基。然而，生活方式变革中蕴含的农民生活动力开辟了乡村秩序的新的基础。对于农民而言，日常生活本身是一个自足的系统，它以当下作为锚点，并基于对当下生活情境的感知而反思性地调控生活逻辑，以此重构乡村要素的组合模式。事实上，源于农民生活逻辑的乡村秩序重组甚至可以突破家庭和村庄结构的限定。在湖北宜昌枝江调研时发现，离婚或丧偶之后的中年农民以"搭伙"模式应对生活的风险和压力。"搭伙"有意识地规避了结婚产生的复杂家庭关系，以减轻生活的负担。在这个意义上，"搭伙"的生活模式充分体现了生活本位的韧性。当然，建基于农民生活逻辑之上的乡村秩序是不稳定的，它不仅对于乡村社会内部的差异具有更大的包容性，而且与外部系统之间保持着紧密的联动和调适。总之，乡村生活方式研究的经验路径展开了日常生活的复杂性和丰富性，深入日常生活内部的实践逻辑，才能发掘农民生活的韧性。

二是乡村生活方式研究深化了对于中国现代化的认识。现代化是一个宏观的、系统的社会变革过程，长期以来，研究者强调工业化和城市化的重要性，凸显了现代化的经济维度，由此形成了线性的、单向的认知框架。乡村生活方式变革提供了理解人的现代化的经验窗口。人的现代化归根结底是生活方式的现代化。人的现代化设定的"人"是一个自由的、完整的、生动的主体，而非卷入各个系统的"角色"之组合。只有在日常生活情境中，才能充分地还原人作为日常生活主体的能动性和丰富性，并透过人的生活方式变革揭示现代化的微观过程。事实上，当视角下沉到日常生活层面，即可明了现代化过程本身的复杂性。对身处这个过程中的农民而言，当原来稳定的生活架构被打破之后，他们会近乎天然地追求生活方式的自洽性和一致性，而这种一致性和自洽性是在生活逻辑中定位的。例如，依照上文所述的研究路径，生活方式的自然之维既是传统生活方式的延续，又能从变迁的乡村社会中汲取动力，若不深入农民日常生活的逻辑，则自然倾向于关注其自给自足的传统属性，从而强调生活方式现代化的内在冲突。传统和现代糅合的乡村生活方式反映了现代化过程中农民的真实处境。

总之，乡村生活方式研究在打开农民日常生活的黑箱的同时也开启了乡村秩序研究和中国现代化转型的窗口。乡村生活方式研究蕴含了较大的理论纵深，这要求研究者充分发挥社会学的想象力，建立农民生活与乡村秩序和社会变迁的关联。唯有如此，乡村生活方式研究才不至于迷失在琐碎的问题片段和琐碎的经验细节之中，从而始终保持对乡村社会变迁的敏锐感知。如此，我们才既能从农民生活方式存在的问题中洞察到背后的活力，又能在应接不暇的生活风格转变中把握住农民生活逻辑的深层的统一性。

四 乡村生活方式变革的政策定位

乡村生活方式隐含了乡村秩序机制和现代化转型的线索，因此，乡村生活方式的变革直接关系到乡村秩序及其现代化转型。乡村生活方式反映了农民现代化进程中的生存处境。生活方式剧烈变革过程常常充斥着紧张、焦虑和矛盾，巨变时代的乡村生活秩序存在或隐或显的危机。因此，乡村生活方式研究无法回避的一个价值立场是，须着眼于乡村秩序的层面回应农民的美好生活需要，从而避免现代化进程中的震荡与波动。

当前，我国正在实施乡村振兴战略。乡村振兴包含产业振兴、人才振兴、文化振兴、生态振兴、组织振兴五个方面。而在实践中，考虑到产业振兴面临着资源禀赋和市场区位的限制，不少地方主要以人居环境建设作为乡村振兴的抓手。不过，在推进人居环境建设过程中，地方政府容易陷入城市视角和行政思维。城市视角是指，以城市的、现代化的生活方式审视乡村生活方式，且倾向于在总体上对农民生活逻辑的合理性持否定态度。在城市化进程中，城市生活方式被定义为现代生活方式，并在乡村强势扩张。因此，乡村生活方式的变革往往是城市生活方式向乡村移植和输入的过程。而行政思维是指，在人居环境建设过程中，政府倾向于以自上而下的方式包办代替，未能充分动员群众参与，其结果可能导致生活方式变革与农民生活逻辑错位，反而加剧农民生活秩序失调。

农民是乡村生活的主体，乡村始终是农民生活的基本场景，人居环境建设不能忽视作为生活主体的农民和乡村的基本场景。这意味着国家权力须以细密、柔性的方式向乡村社会延展，深入到农民生活逻辑和生活动力的层次，如此才能在尊重农民生活主体性的基础上重建农民生活秩序。在此，生活秩序依赖于生活方式内部的自洽程度，而自洽性归根结底取决于农民日常生活的主体性。乡村生活方式研究的经验路径贯通了生活方式与生活逻辑，生活方式可以与生活逻辑联动，生活逻辑为生活方式变革提供了基本参照。在这个意义上，乡村生活方式变迁须立足乡村社会，真正发掘乡村对于当下农民生活方式建构的积极意义，形成兼具适应性和包容性的生活秩序。

一是发掘乡村生活方式的生态价值，构建低成本、高福利的乡村生活方式。如前所述，随着现代性的扩张，乡村的自然环境逐渐从生活的背景转变为生活的元素。因此，构建合乎乡村特质的生活方式，不应脱离于乡村生态系统。为了推动人居环境建设，有的地方政府直接移植城市的绿化标准，而忽视了乡村自然生态自在的绿化功能。为此，须立足乡村自然地理特征，尽可能地建构生态友好型的生活方式，减轻农民生活的环境负载和经济负担。

二是重视乡村生活方式的代际差异，关注中老年人群体的生活体验。生活方式存在比较显著的代际分化。如果仅着眼于乡村方式的变革，年轻人当然是走在前列的引领者。问题是，年轻人的生活方式其实高度城市化了，他们的生活方式因而在很大程度上脱嵌于农民生活逻辑。所以，过度聚焦乡村年轻人的生活方式，不仅无助于理解乡村生活方式的真实面貌，而且悄然遮蔽了老年人的生活方式和生活体验。由于中青年人普遍外出务工，老年人是乡村生活的主体，是乡村生活方式的担纲者，乡村生活方式变革不宜绕开老年人的生活需要，而应在遵循其生活逻辑的前提下构建生活秩序。

现代性反思抑或传统文化遵从：我国城市居民的垃圾分类减量偏好及阶层差异特征分析[*]

吴灵琼[**]

摘　要：本研究从社会实践视角探讨我国城市居民垃圾分类减量偏好类型及垃圾分类减量实践偏好的社会阶层差异。基于 CGSS 2013 调查数据，借助潜在类别分析识别出四种垃圾分类减量偏好，即以增进社会/环境福祉为导向的积极参与者偏好、兼具传统节俭文化遵从和物质主义导向的重度减量者和轻度减量者偏好及没有特定价值取向的旁观者偏好。从"传统性-现代性"的维度提出教育通过现代性反思能力影响垃圾分类减量偏好的现代性反思假设，以作为消费需求层次理论和后物质主义价值理论的补充。多重对应分析结果显示，收入和受教育程度高的阶层和管理者阶层倾向于在积极参与者中聚集；而收入和受教育程度较低的阶层倾向于在旁观者、重度减量者和轻度减量者偏好群体中聚集，但这三种偏好之间的阶层分化趋势不明朗。研究结果支持现代性反思假设，仅部分支持需求/价值假设。需求/价值假设的解释力之所以有限，是因为该假设仅从"物质主义-后物质主义"的维度来解释垃圾分类减量实践，忽略了其传统性的一面。现代性反思假设则将垃圾分类减量实践置于"传统性-现代性"的空间坐标加以考察，从而为进一步探讨遵从传统的垃圾分类减量实践提供了一种新的思路。

关键词：绿色消费　传统节俭文化　社会实践　多重对应分析

---

[*]　本研究获中国博士后基金项目（2020M671310）资助。

[**]　吴灵琼，南通大学管理学院副教授，研究方向为环境社会学、基层环境治理。

　　进入消费社会后，垃圾产量急剧增加，使得垃圾处置问题成为一个世界性的环境议题。为应对垃圾问题，联合国将"可持续的消费和生产模式"设为 2030 年可持续发展议程目标的必要组成。该目标的第五个子目标就是有关垃圾减量的，即"到 2030 年，通过预防、减量、循环和再利用等方式使全球废弃物产量大幅降低"。[①] 其中，源头预防/减量、循环和再利用体现了目前国际社会废弃物管理的通行原则。相应地，居民个体层面的废弃物管理实践也包含源头减量、重复使用和垃圾分类三个方面。源头减量是指通过消费决策（包括抵制消费）避免物品消耗及废弃。垃圾分类即通过对废弃物的分类处置促进相关资源的回收及再生。不同于废弃物管理意义上的再利用，居民个体实践层面的重复使用指通过二次利用减少对物品的弃置，因此属于垃圾减量的概念范畴。从消费过程视角分析，这三个方面分别与购买、使用和使用后处理等环节对应。[②]

　　国外针对居民废弃物管理行为的研究始于 20 世纪 70 年代初期，现已发展成为一个相对成熟的研究领域。学者从心理学、营销学、社会学、管理学、传播学等多学科及交叉学科（如社会心理学、行为经济学）汲取理论养分，从消费者行为、亲环境行为及公共参与等视角对居民垃圾分类减量行为的影响因素、发生机制及行为改变策略等展开了丰富的研究。国内研究虽起步较晚（21 世纪初），但结合中国独特的垃圾分类情境，在对西方主流行为理论（如计划行为理论、社会规范理论、价值-规范-信念模型、行为改变理论、目标框架理论、社会网络理论等）进行拓展的基础上，对居民垃圾分类参与行动背后的社会心理机制方面进行了

① The Statistics Division of the United Nations Department of Economic and Social Affairs, "12 Responsible Consumption and Production." *The Sustainable Development Goals Extended Report* 2022. https://unstats.un.org/sdgs/report/2022/extended-report/Extended-Report_Goal-12.pdf. 2022, p.10.

② Ken Peattie, "Green Consumption: Behavior and Norms," *Annual Review of Environment and Resources*, Vol.35, No.1, 2010, pp.195-228.

有益的探索。① 然而，以往研究主要强调垃圾分类减量行为的利他性，假定亲环境/社会价值是驱使个体采取垃圾分类减量行动的主导价值，并在研究方法上，将垃圾分类减量行为化约为受相应价值引导的动机行为。

不可否认，在现代城市废弃物管理的制度环境下，亲社会和亲环境性被建构为城市居民垃圾分类减量实践的重要属性。然而，从物品使用及处置的日常实践看，居民垃圾减量行动背后还有对传统节俭文化价值和特定实践情境下的实用主义价值的考量。② 由于不同个体的成长轨迹、生活方式、社会阶层地位、生活资源及机会等不尽相同，垃圾分类减量的实践意义及其在日常生活的编排方式也会因人而异。若仅停留在行为层面，在整体平均水平的统计学意义上考察居民的垃圾分类减量实践，则上述这种群体差异就会被整体效应遮掩。基于此，本研究将居民垃圾分类减量实践作为研究对象，结合潜在类别分析和多重对应分析探讨城市居民垃圾分类减量实践的偏好类型，并以社会阶层为切入点探讨垃圾分类减量偏好的群体差异。

一 理论基础及假设

（一）社会实践视角下的垃圾分类减量偏好

本研究将社会实践理论作为垃圾分类减量偏好分析的一个基本理

---

① 如韩韶君《假定媒体影响下的居民生态环境行为采纳研究——基于上海市民垃圾分类的实证分析》，《中国地质大学学报》（社会科学版）2020 年第 2 期；张郁、徐彬《基于嵌入性社会结构理论的城市居民垃圾分类参与研究》，《干旱区资源与环境》2020 年第 10 期；裴志军、何晨《社会网络结构、主观阶层地位与农村居民的环境治理参与——以垃圾分类行为为例》，《安徽农业大学学报》（社会科学版）2019 年第 1 期；王晓楠《阶层认同、环境价值观对垃圾分类行为的影响机制》，《北京理工大学学报》（社会科学版）2019 年第 3 期；陈绍军、李如春、马永斌《意愿与行为的悖离：城市居民生活垃圾分类机制研究》，《中国人口·资源与环境》2015 年第 9 期；曲英《城市居民生活垃圾源头分类行为的影响因素研究》，《数理统计与管理》2011 年第 1 期。

② 张敦福、阎秀杰：《节俭与环境可持续性：上海餐桌剩余食物的日常生活实践》，《广东社会科学》2023 年第 5 期；张劼颖：《中国高速城市化背景下的垃圾治理困境》，《文化纵横》2015 年第 6 期。

论视角。学者一般将社会实践理论追溯到布迪厄的实践理论和吉登斯的"能动-结构"二重性理论。^① 大致在 21 世纪初，以 Spaargaren 和 Warde 为代表的学者将实践视角引入可持续消费研究领域，尝试在该领域构建一个社会实践的研究范式。^② 在方法论层面，社会实践理论试图弥合结构主义和个体主义的二元对立，强调实践过程中社会结构与行动主体之间的相互作用。这里的实践即社会实践，是指社会成员在日常生活中形成的一套惯例化的行为。^③ 正是在高度惯例化的日常生活实践中，社会规则得以内化、沉淀而最终通过个体特定的行事方式演绎出来，社会结构也得以再生产。

由此可见，社会实践是按特定方式组织起来的惯例化行为。^④ 而作为行动者的个体要先形成对行动目的及将行动有序组织起来的一整套规则的理解，按其规则行事才有可能。布迪厄的惯习、吉登斯的实践意识及夏兹金的目的结构概念均强调实践内在的这种目的性和方向性。^⑤

鉴于此，本研究将垃圾分类减量偏好界定为居民在日常性的垃圾分类减量过程中形成的相对稳定的且按特定意向组织的行为模式。根据行为意向的不同，本研究区分了三种典型的垃圾分类减量偏好类型：反思型垃圾分类减量偏好、惜物型垃圾分类减量偏好和实用型垃圾分类减量偏好。反思型垃圾分类减量偏好以增进社会/环境福祉的后物质主义价值为导向；惜物型垃圾分类减量偏好以践行传统节俭文化价值为导向；实用型垃圾分类减量偏好以追求经济/物质回报最大化的实用主义价值为导向。本研究认为，传统节俭文化价值属于物质主义价值的

① 详见朱迪《从强调"教育"到强调"供给"：都市中间阶层可持续消费的研究框架及实证分析》，《江海学刊》2017 年第 4 期；张敦福、阎秀杰《节俭与环境可持续性：上海餐桌剩余食物的日常生活实践》，《广东社会科学》2023 年第 5 期。

② 刘文玲、Gert Spaargaren：《可持续消费研究理论述评与展望》，《南京工业大学学报》（社会科学版）2017 年第 1 期。

③ 范叶超：《社会实践论：欧洲可持续消费研究的一个新范式》，《国外社会科学》2017 年第 1 期。

④ Andreas Reckwitz, "Toward a Theory of Social Practices: A Development in Culturalist Theorizing," *European Journal of Social Theory*, Vol. 5, No. 2, 2002, pp. 243-263.

⑤ Allan Warde, *The Practice of Eating*, Cambridge: Polity Press, 2016, pp. 32-39.

范畴，与西方社会强调反思的自愿简朴和极简主义有本质区别。①

社会实践理论还强调实践偏好的内在一致性。② 一方面，这意味着无论遭遇何种情境，指导个体按既定方向安排和演绎垃圾分类减量实践的意向是恒定的，即个体不太可能随情境变化而轻易转换偏好类型。另一方面，这还意味着个体将按大致相似的方式来组织和安排指向同一意向的行为。根据这一原则，反思型分类减量实践应该与其他同样旨在增进社会/环境福祉的环保参与实践具有同步性。若既定个体的日常环保参与实践是消极甚至欠缺的，则可以认为该个体的垃圾分类减量偏好不太可能是反思型的。同理，惜物型垃圾分类减量偏好应与旨在节约资源的适度消费和环保实践具有一致性。由于实用型垃圾分类减量偏好并不指向亲环境价值，因此有理由认为符合该偏好的个体并不会有显见的环保实践。

（二）社会阶层影响绿色消费/亲环境行为的传统分析视角

社会阶层是指人的整体社会地位（包括社会经济地位和社会声望），由财产和收入、权力、教育、家庭和职业经历等因素综合决定。③ 以往针对社会阶层与垃圾分类减量行为之间关系的研究并不多。相关研究主要将垃圾分类减量行为视为绿色消费/亲环境行为的一种，借助消费需求理论和后物质主义价值理论来探讨收入、教育等对绿色消费/亲环境行为的影响。

---

① 自愿简朴最初作为西方反消费主义的思潮而受到学界的关注。该概念常与低水平消费、适度消费、伦理消费和可持续消费等概念相关联。关于该概念的讨论可参见 Dorothey Leonard-Barton, "Voluntary Simplicity Lifestyles and Energy Conservation," *Journal of Consumer Research*, Vol. 8, No. 3, 1981, pp. 243 – 252. Amitai Etzioni, "Voluntary Simplicity: Characterization, Select Psychological Implications, and Societal Consequences," *Journal of Economic Psychology*, Vol. 19, 2004, pp. 377–405.

② Allan Warde, *The Practice of Eating*, Cambridge: Polity Press, 2016, p. 37.

③ 张文宏：《中国城市的阶层结构与社会网络》，北京：社会科学文献出版社，2019 年，第 101~102 页；刘精明、李路路：《阶层化：居住空间、生活方式、社会交往与阶层认同——我国城镇社会阶层化问题的实证研究》，《社会学研究》2005 年第 3 期。

　　两种理论均以马斯洛需求层次理论为基础，强调社会阶层的经济维度对绿色消费/亲环境行为的决定作用，但解释视角有所不同。消费需求理论是从微观视角切入，假定经济是制约个体消费需求的首要因素，基于马斯洛需求层次理论将经济地位与满足不同需求的消费类型相关联。基于该理论，经济资本相对匮乏的阶层会率先考虑生理、安全、归属等低层次需求，因而在消费决策时会侧重物品的使用价值，偏好能满足基本物质需求的生存型消费；而对于收入较高的阶层，其低层次需求大多已得到满足，因此更倾向考虑尊重和自我实现等高层次需求，更看重物品的符号价值和象征意义（如表征优越的身份地位），偏好能满足精神需求的发展性消费。[①] 拓展到绿色消费领域，学者将社会/环境责任视为自我实现的高层次需求，因此收入越高、受教育程度越高，越有可能超越物质/经济回报的低层次需求，而采取指向高层次需求的绿色消费行为。[②] 英格尔哈特的后物质主义价值理论则将个体价值观置于社会转型的宏观结构中加以考察，假定价值观的后物质主义转向建立在相对发达的社会经济基础上。[③] 基于该理论，进入后物质主义阶段，人们更重视自我表达、自由、和平、社会正义、环境保护及生活质量等高层次需求。推至个体层面，则可认为经济富足是个体关心社会和环境福祉进而采取绿色消费与亲环境行为的重要前提。范利尔和邓拉普关于环境关心的社会阶层假设，也同样以需求层次理论为基础，假定环境关心是高层次需求，认为只有基本物质需求得以满足的阶层

---

① 张翼：《当前中国社会各阶层的消费倾向——从生存性消费到发展性消费》，《社会学研究》2016 年第 4 期。

② Thomas C. Kinnear, James R. Taylor, and Sadrudin A. Ahmed, "Ecologically Concerned Consumers: Who are They?" *Journal of Marketing*, Vol. 38, No. 21, 1974, pp. 20 – 24. George Brooker, "The Self-Actualizing Socially Conscious Consumer," *Journal of Consumer Research*, Vol. 3, No. 2, 1976, pp. 107 – 112. Frederick E. Webster, "Determining the Characteristics of the Socially Conscious Consumer," *Journal of Consumer Research*, Vol. 2, No. 3, 1975, pp. 188 – 196.

③ Ronald Inglehart, "Public Support for Environmental Protection: Objective Problems and Subjective Values in 43 Societies," *Political Science and Politics*, Vol. 28, No. 1, 1995, pp. 57 – 72.

才有能力去关心环境。①

基于此，本研究提出垃圾分类减量偏好阶层差异的需求/价值假设：

假设 1：收入高的阶层比收入低的阶层更可能具有反思型垃圾分类减量偏好；同时，更可能追求品位消费，因而反思型垃圾分类减量偏好与品位消费具有正向关联。

假设 2：收入低的阶层比收入高的阶层更可能具有物质主义价值导向的惜物型和实用型垃圾分类减量偏好；更可能因受物质/经济需求制约而倾向适度消费，从而使这两种垃圾分类减量偏好与适度消费具有正向关联。

（三）垃圾分类减量偏好阶层差异的现代性反思假设

上述关于社会阶层与绿色消费/亲环境行为之间关系的传统分析框架将需求/价值作为联结社会阶层与绿色消费/亲环境行为的关键介质，并假定指向社会/环境福祉的价值属于高层次需求。这不可避免地将经济地位作为影响绿色消费/亲环境行为的首要因素，而教育和职业主要依附于或通过经济地位而起作用。② 这导致教育与职业的作用被悬置。

本研究拟基于吉登斯现代性和自我反思的论述，提出一个关于垃圾分类减量偏好阶层差异的现代性反思分析框架，重点探讨教育和收入对垃圾分类减量偏好的影响。事实上，米德强调自我在本质上就是反思性自我，这是因为就个体自我的建构而言，其自身是从其所属的社会

---

① Kent D. Van Liere, and Riley E. Dunlap, "The Social Bases of Environmental Concern: A Review of Hypotheses, Explanations and Empirical Evidence," *Public Opinion Quarterly*, Vol. 44, 1980, pp. 181-99.

② 值得一提的是，国外大部分经验研究表明，收入对居民分类行为有显著预测作用，而教育水平与职业的作用并不明朗（此处针对的是在统计分析中控制社会心理因素和/或情境因素的作用下收入依然显示具有显著预测作用的情形）。这表明需求/价值主要通过经济因素起作用。但是，国内相关研究结果显示，职业没有显著影响，且在收入和教育方面均没有一致结论。彭远春较早关注到这种不一致的问题，并提出用阶层碎片论来解释这一现象。这从一个侧面反映采用经典的需求/价值理论框架不足以分析我国居民绿色消费/亲环境行为的阶层差异问题（参见彭远春《城市居民环境行为的结构制约》，《社会学评论》2013 年第 4 期）。

群体的一般观点或与其互动的其他成员的特定观点来反身性地看待自我。① 吉登斯的自我反思也涵盖这一层意思，但更强调在时空分离、各种知识体系交织、风险与危机增加及个体化不断加剧的高度现代性情境中，人们愈发需要持续不断地向内借助自我审视及反思来重构自我认同和生活意义。② 教育和大众媒体作为现代社会知识传递的重要途径，对自我认同的重构和个人生活方式的选择具有重要作用。

现代性反思框架假定环境问题是一个现代性问题，也是一个社会建构。因此，个体对环境问题的认知和理解及对亲环境价值的认同受其自我反思能力和获取与处理环境信息能力的影响。一般来讲，随着现代社会个体受教育程度的逐步提高，整个社会对个体独立思考、批判精神及创新能力的要求也就越高。因此，个体受教育程度越高，其现代性反思和信息处理能力也越强，也越依赖于专家知识来不断更新自己的知识体系。这使得他们需要愈加频繁地获取信息、更新知识以获得对生活的一种可控感，也使他们更倾向于使用信息扩散更快且对个体参与信息扩散持更开放态度的新兴媒体来获取资讯。这种信息获取偏好使他们有更多机会触及环境知识和环境风险，进而促使他们反思性地建构环境意识和环境价值认同，从而更可能选择亲环境的生活方式。我国学者赵万里和朱婷钰较早地从现代性视角探讨了教育水平、信息获取及个体反思意识对环境行为的影响，并发现信息获取越频繁和反思意识越强的个体，越倾向于采取环境行为。③ 与之相对，受教育程度越低的个体，其现代性反思能力越弱，越倾向于调用常识、经验、惯例及传统等来组织日常生活，因而其信息获取行为和环境知识均处于较匮乏的水平，从而导致其垃圾分类减量实践更可能遵循日常生活的一

---

① 米德：《心灵、自我与社会》，赵月瑟译，上海：上海译文出版社，2018 年，第 159 页。

② 吉登斯：《现代性与自我认同：现代晚期的自我与社会》，赵旭东、方文译，北京：生活·读书·新知三联书店，1991 年，"引论"，第 2~6 页。

③ 赵万里、朱婷钰：《绿色生活方式中的现代性隐喻——基于 CGSS 2010 数据的实证研究》，《广东社会科学》2017 年第 1 期。

般经济性①原则。这意味着该群体在垃圾分类减量实践上没有特殊的方向性，不属于任何一种偏好类型。

鉴于此，本研究提出以下假设。

假设3：受教育程度高的阶层比受教育程度低的阶层更倾向于使用新媒体获取信息、具有更积极的信息获取行为、更多的环境知识和更高水平的环境价值认同，因而更可能具有反思型垃圾分类减量偏好。

假设4：受教育程度低的阶层比受教育程度高的阶层更倾向于调用常识、经验、惯例及传统等来组织日常生活，信息获取行为、环境知识和环境价值认同均相对欠缺，因而更可能表现为一种偏好缺失类型。

由于惜物型垃圾分类减量偏好以传统节俭文化价值为导向，故其实践也依赖于经验、传统及常识，与现代性反思能力关联不大。鉴于现代性假设无法直接观照到该类型与社会阶层之间的关系，本研究将探索性地分析该偏好的社会基础。

基于上述理论梳理，本研究拟构建垃圾分类减量偏好阶层差异的分析框架（如图1所示）。

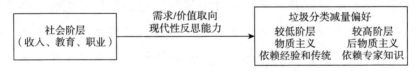

图1　垃圾分类减量偏好阶层差异的分析框架

二　研究方法

（一）数据来源

本研究数据来自2013年中国人民大学组织实施的中国综合社会调

---

①　这里的经济性有别于物质主义导向的物质/经济回报，后者强调理性决策，而前者强调节省思想，采用最自然而然和直接的方式做事。借用赫勒的话就是："目标是以最小的努力，在尽可能短的时间内，尽可能少地求助于创造性思维而做成某事。"（参见赫勒《日常生活》，衣俊卿译，重庆：重庆出版社，1984年，第154页）

查（以下简称 CGSS 2013）。根据国家统计局关于城乡划分的相关界定①，以居住地和所属居委会为参照，选取变量 s5a（"受访者居住的地区类型"）和 vilorngh（"是村委会还是居委会"）作为筛选样本的指标。具体而言，以同时满足 s5a 中符合"市/县城的中心地区"、"市/县城的边缘地区"、"市/县城的城乡结合部"和"市/县城区以外的镇"等地区类型以及 vilorngh 中隶属"居委会"辖区为标准，筛选出 6723个城市居民样本进行数据分析。样本基本人口背景信息见表 1。整体上，样本男女占比持平（50.4%和 49.6%），平均年龄为 48.14±16.6 岁；受教育程度以"初中"（27.6%）居多；职业状态以"无业"（46.0%）和"普通雇员"（32.5%）为主（见表 1）。

表 1　样本基本人口背景信息

单位：人，%

变量	选项	人数	占比	变量	选项	人数	占比
性别	男	3391	50.4	受教育程度	小学及以下	1406	20.9
	女	3332	49.6		初中	1852	27.6
年龄	18~29 岁	998	14.8		高中（中专/技校）	1743	25.9
	30~39 岁	1305	19.4		大专/本科及以上	1716	25.6
	40~49 岁	1377	20.5	个人全年收入	0~9999 元	1182	19.9
	50~59 岁	1236	18.4		10000~19999 元	999	16.8
	60 岁及以上	1807	26.9		20000~29999 元	1129	19.0
婚姻	已婚	5610	83.6		30000~47999 元	1435	24.1
	其他	1100	16.4		48000~80000 元	1205	20.3
家庭人口数	1 人	748	11.1	职业状态	党政机关/企事业单位管理人员	748	11.2
	2 人	1787	26.6		个体户/自由职业者	690	10.3
	3 人	2423	36.1		普通雇员	2184	32.5
	4 人及以上	1763	26.2		无业	3090	46.0

---

① 《在统计上城乡是如何划分的》，2023 年 1 月 1 日，https://www.stats.gov.cn/zs/tj ws/tjbz/202301/t20230101_19 03381.html，最后访问日期：2024 年 5 月 10 日。

续表

变量	选项	人数	占比	变量	选项	人数	占比
住房类型	租用	1341	20.0	户口类型	非农业	3924	58.4
					农业	1949	29.0
	非租用	5363	80.0		工作居住证	831	12.4
					其他	19	0.3

（二）变量测量

1. 垃圾分类减量实践

CGSS 2013 的环境模块采用 10 个题目来测量居民的环境行为。其中，涉及垃圾分类减量实践的题项包括：（1）"垃圾分类投放"（简化为"垃圾分类"）；（2）"采购日常用品时，自己带购物篮或购物袋"（简化为"垃圾减量"）；（3）"对塑料包装袋进行重复利用"（简化为"重复利用"）。为考察居民的垃圾分类减量偏好类型，本研究同时纳入环保讨论、环保捐款、宣教培训、社团参与、植树和环境投诉 6 个题项。采用 3 点量表进行评价："1"表示"从不"，"2"表示"偶尔"，"3"表示"经常"。

2. 社会阶层

本研究参照李培林和张翼的研究成果，选取教育、收入和职业作为反映客观社会阶层的关键变量。① 采用 CGSS 2013 中"您目前的最高受教育程度（包括目前在读的）"（a7a）这一题项作为测量受教育程度的指标。为便于数据分析，进一步将该题选项合并为"小学及以下"、"初中"、"高中（中专/技校）"、"大专/本科及以上"。由于"其他"选项占比极小（<0.1%），故对其做样本缺失处理。

关于收入，选择"您个人去年（2012）全年的总收入"（a8a）这一题项作为指标。初步描述性分析结果显示，样本年总收入在 0 ~

---

① 李培林、张翼：《中国中产阶级的规模、认同和社会态度》，《社会》2008 年第 2 期。

800000 元波动；均值为 32392.8 元（$SD = 542.75$ 元），中位数为 24000 元，呈明显右偏态分布。故根据收入分布情况，按"0～9999 元"、"10000～19999 元"、"20000～29999 元"、"30000～47999 元"和"48000～800000 元"五个区间对其进行离散化处理。从"1"到"5"依次赋值；"1"表示"低水平"，"2"表示次低水平，"3"表示"中间水平"，"4"表示次高水平，"5"表示"高水平"。

关于职业，结合"您的工作经历及状况"（a58）、"以下各种情形，哪一种更符合您目前工作的状况"（a59a）及"在您目前的工作中，您的管理活动情况"（a59f）三个题项构建"职业状态"综合指标。首先，根据题项 a58 的选项设置，区分"工作"（"目前有工作"）和"无业"（包括"目前没有工作，而且只务过农"、"目前没有工作，曾经有过非农工作"、"从未工作过"、"目前务农，曾经有过非农工作"和"目前务农，没有过非农工作"）两种情况。有"工作"的占比为 54.0%，"无业"的占比为 46.0%。尽管务农不完全等同于无业，但该类别同样属于城市居民的一个组成，因此将其归入"无业"。[①] 结合题项 a59a 和 a59f 的选项设置，进一步将"工作"区分为"党政机关/企事业单位管理人员"（11.2%）、"个体户/自由职业者"（10.3%）和"普通雇员"（32.5%）三种情况。"普通雇员"由在题项 a59a 上符合"雇员"条件［包括"受雇于他人（有固定雇主）"、"劳务工/劳务派遣人员"、"零工、散工（无固定雇主的受雇者）"、"在自己家的生意/企业中工作/帮忙，领工资"和"在自己家的生意/企业中工作/帮忙，不领工资"］且在题项 a59f 上汇报"不管理别人"（包括"只受别人管理，不管理别人"和"既不管理别人，又不受别人管理"）的样本构成。"党政机关/企事业单位管理人员"由在题项 a59a 上表明"自己

---

① 选择"务农"的样本平均年龄为 51.96±12.1 岁。其中，过半数（59.3%）样本受教育程度在小学及以下；大部分样本（75%）年总收入不超过 20000 元（远低于总体样本年总收入的中间水平）；85.6%的样本自出生起一直在本地；79.4%的样本持农村户口。由此，可推测该组别主要由在城市居住但保留原有务农习惯的农民组成；与"无业"一样，是游离在现代城市职业体系之外的一种特殊的居民类型。

是老板（或者是合伙人）"或符合"雇员"条件且在题项a59f上汇报"管理别人"（包括"只管别人，不受别人管理"和"既管理别人，又受别人管理"）的样本构成。而在题项a59a上表明"自己是老板（或者是合伙人）"但在题项a59f上选择"既不管理别人，又不受别人管理"的样本则与在题项a59a上选择"个体工商户"和"自由职业者"的样本一并归为"个体户/自由职业者"。根据陆学艺的十大社会阶层体系，"党政机关/企事业管理者"属于中上阶层；"个体户/自由职业"和"普通雇员"属于中中阶层；"无业"成分较复杂，故未对该类别的阶层属性做具体界定。

3. 环境认知

CGSS 2013的环境模块设置了两个量表——环境问题意识量表和环境保护知识量表——来考察环境认知。环境问题意识量表包含12个题项（b21a01~b21a12），考察调查对象对当地环境问题的知晓度，采用两点计分评价，"1"表示"知道"，"0"表示"不知道"。环境保护知识量表包含10个题项（b2501~b2510），考察调查对象对基本生态学概念、环境问题（包括成因和后果）和环境标准的掌握程度，采用正误判断计分，回答正确计"1"分，否则计"0"分。对反向措辞题项进行逆向重新编码以确保得分的一致性。

首先借助探索性因子分析考察环境问题意识的内部结构。初步探索性因子分析提取两个特征值大于1的公共因子，共解释63.4%的总变异（KMO = 0.920，Bartlett χ^2 = 44178.07，df = 66，$p < 0.001$）。正交旋转后，发现题项基本按照与日常生活的关联性聚合成两类。负载在因子1上的题项涉及"野生动植物锐减"、"荒漠化"、"森林锐减"、"耕地退化"、"淡水资源缺乏"和"绿地不足"（载荷在0.713~0.846），均为距离日常生活较远的环境问题；而负载在因子2上的题项涉及"大气污染"、"水污染"、"噪声污染"和"生活垃圾污染"（载荷在0.668~0.822），与日常生活关联相对更紧密。"食品污染"和"工业污染"在两个因子上的载荷均不高（载荷<0.600），故将其剔除。进一步将两个因子

上的题项得分进行加和处理，构建"非日常环境问题意识"和"日常环境问题意识"两个变量。以中位数为分割点对两个变量进行离散化处理。经处理，"非日常环境问题意识"设低（<5）、中、高（>5）三个水平，从"1"到"3"依次赋值。"日常环境问题意识"设低（<4）和高两个水平。

对环境保护知识，初步探索性因子分析同样提取出两个特征值大于1的公共因子，共解释 48.8% 的总变异（KMO = 0.850，Bartlett χ^2 = 15166.08，df = 45，$p < 0.001$）。正交旋转后，发现"酸雨"、"物种多样性"和"汽车尾气"三个题项在两个因子上的载荷偏低（载荷<0.600），故将其剔除。调整后的因子模型能解释总变异的 56.4%，解释效力有明显提高。负载在因子1上的题项涉及"臭氧"、"温室气体"、"含磷洗衣粉"、"食物链"和"化肥"（载荷在 0.634~0.751），是媒体宣传较多且与人们的日常消费实践关联更直接的环境议题，故将其标记为"日常环境知识"。负载在因子2上的题项涉及"水质量标准"和"空气质量标准"（载荷在 0.825~0.851），属于专业性相对更强的环境管理知识，故将其标记为"非日常环境知识"。同样采用加和法依次构建"日常环境知识"和"非日常环境知识"变量。以中位数为分割点对两个变量进行离散化处理。经处理后，"日常环境知识"有低（<4）、中、高（>4）三个水平，从"1"到"3"依次赋值。"非日常环境知识"有低（=0）和高（>0）两个水平。

4. 媒体使用偏好

本研究选取 CGSS 2013 中关于媒体使用情况和主要信息来源的题项来考察媒体使用偏好。媒体使用情况量表包含六个题项（a281~a286），考察过去一年对报纸、杂志、广播、电视、互联网（包括手机上网）和手机定制消息等六种媒体的使用频繁程度。采用5点量表评价，"1"表示"从不"，"5"表示"非常频繁"。初步探索性因子分析共提取两个特征值大于1的公共因子，能解释 58.6% 的总变异（KMO = 0.631，Bartlett χ^2 = 7176.649，df = 15，$p < 0.001$），但"电视"在第一个未旋转

因子上的载荷极小（载荷为 −0.007），故将其剔除。调整后的模型能解释 67.6% 的总变异（KMO = 0.634，Bartlett χ^2 = 6777.225，df = 10，$p<0.001$）。正交旋转后，发现"报纸"、"杂志"和"广播"等涉及传统媒体使用的题项聚集在因子 1 上（载荷在 0.706~0.839），而"互联网"和"手机定制消息"等涉及新媒体使用的题项聚集在因子 2 上（载荷在 0.840~0.862）。基于此，通过加和法将负载在两个因子上的题项各自合并，构建"传统媒体使用"和"新媒体使用"变量。"传统媒体使用"变量取值范围在 3~15 分，本研究将得分在 3~7 分、8~10 分和 11~15 分的分别界定为"传统媒体使用"的低、中和高水平，从"1"到"3"依次赋值。同样，按"新媒体使用"的得分分布情况设低（2~5 分）、中（6~7 分）和高（8~10 分）三个水平，从"1"到"3"依次赋值。

对主要信息来源，选择 CGSS 2013 中的题项 a29 作为测量指标。基于媒体使用情况的因子分析结果，设置"传统媒体"（包含"报纸"、"杂志"和"广播"）、"新媒体"（包含"互联网"和"手机定制消息"）和"电视"三个类别。频数分析结果显示，以"电视"为主要信息来源的占比最高（62.6%），而以"传统媒体"为信息来源的占比最低（7.5%）

5. 消费偏好

本研究对消费偏好的考察从适度消费和品位消费两方面进行。对适度消费，采用 CGSS 2013 中的题项 b1101 进行测量。该题采用 4 点计分评价。对该题得分重新逆向编码后，"1"表示"很不符合"，"4"表示"很符合"。由于"很不符合"选项占比较低（5.2%），故将其与"不太符合"合并，最终形成低、中、高三个水平，从"1"到"3"依次赋值。对品位消费，采用 CGSS 2013 中的题项 b1102、b1103 及 b1105~b1107 进行测量。对题项得分重新逆向编码后，进行信效度检验。结果表明这五个题项具有良好的内部一致性（Cronbach's $\alpha>0.80$）且呈现一维结构（仅析出一个特征根大于 1 的公共因子，解释总变异的 49.8%)，故采用加和法构建综合变量。该变量取值范围在 5 ~ 20 分，均值为 8.87 分，中位数为 9 分，故将得分范围在 8 ~ 10 分的界定为品位消费的中水平；得分小于 8 分和大于 10 分的分别界定为低水平和高水平。按水平由低至高从"1"到"3"依次赋值。

6. 闲暇偏好

本研究选取 CGSS 2013 中的题项 a311 ~ a313 测量闲暇偏好。该题考察调查对象在空闲时间参与"社交"（a311）（简称为闲暇社交）、"休息放松"（a312）（简称为闲暇休闲）和"学习充电"（a313）（简称为闲暇学习）的频繁程度。采用 5 点计分量表评价。"1"表示"从不"，"5"表示"非常频繁"。本研究以中间频率为分割点划分出闲暇偏好的低（包括"从不"和"很少"）、中（"有时"）、高（包括"经常"和"非常频繁"）水平，由"1"到"3"依次赋值。其中，闲暇学习从一个侧面反映个体的反思能力：闲暇学习水平越高，则反思能力越强。

7. 辅助因素

除了上述关键因素，本研究还纳入社会信任和工作紧张度作为辅助因素。社会信任属于社会资本的范畴，在促进公众参与方面发挥重要作用。[①] 一般认为社会信任程度越高，越可能采取旨在提升社会/环境福祉的环保参与行为。本研究采用 CGSS 2013 中的题项 b6 测量社会信任；将该题项转换为 3 点评价，"1"表示"不信任"，"2"表示"一般"，"3"表示"信任"。

本研究将工作紧张度作为反映生活节奏的指标。基于 Shove 及其研究团队的时间秩序研究，我国学者朱迪提出可持续消费的时间/生活节奏假设。[②] 该假设认为时间作为一种资源影响可持续消费实践的安排方式。进一步结合马克思的劳动异化理论，本研究认为，在现代社

---

① 吴光芸、杨龙：《超越集体行动的困境：社会资本与制度分析》，《东南学术》2006 年第 3 期。

② 朱迪：《从强调"教育"到强调"供给"：都市中间阶层可持续消费的研究框架及实证分析》，《江海学刊》2017 年第 4 期。

会，时间是内嵌于职业结构的稀缺资源，因此职业可通过时间资源影响个体进行垃圾分类减量实践的方式。生活节奏越缓慢、闲暇时间资源越丰富的较生活节奏越紧凑、闲暇时间资源越匮乏的阶层更倾向于进行更积极/更频繁的垃圾分类减量实践。本研究采用 CGSS 2013 中的题项 b1104 测量工作紧张度。对该题项逆向编码后转换为 3 点评价，"1"表示"很不符合"，"2"表示"不符合"，"3"表示"符合"。得分越高，表明工作压力越小，闲暇时间资源越丰富，生活节奏越慢。

（三）数据分析

本研究借助潜在类别分析区分不同垃圾分类减量实践偏好群体；通过多重对应分析考察垃圾分类减量实践偏好的阶层差异特征；结合多分类逻辑回归分析对多重对应分析的结果进行交叉检验。多重对应分析属于一种描述性的几何数据分析方法，其基本思路是将样本在不同变量各类别间的分布差异转换为空间中不同点之间的矢量距离，进而通过点间距离来表示个体或变量类别之间的关联。[①] 在绘制变量联合图时，分别用大、小写英文字母对人口统计和社会心理变量进行编码以示区分。

采用 Mplus8.6 进行潜在类别分析，以稳健的极大似然估计法（Maximum Likelihood Robust，MLR）进行参数估计。参照以往研究，结合 AIC 值、BIC 值、ABIC 值、熵（Entropy）、LMR 和 BLRT 对不同潜在类别模型进行比较。[②] 综合模型拟合度及其理论意义确定潜在类别变量。采用 R 软件的 FactoMineR 和 Factoextra 分析包进行多重对应分析。

[①] 空间中点间距离以提取出的主成分轴为参照。主成分轴是能使投影在该轴上的点间距离最大（此时对总空间变异的贡献最大）的轴。多重对应分析一般以对空间变异解释效力最大的前三个主成分轴为坐标轴绘制变量类别联合图和案例联合图。

[②] K. L. Nylund, T. Asparouhov, and B. O. Muthén, "Deciding on the Number of Classes in Latent Class Analysis and Growth Mixture Modeling: A Monte Carlo Simulation Study," *Structural Equation Modeling: A Multidisciplinary Journal*, Vol. 14, 2007, pp. 535-569.

三　研究结果

（一）居民垃圾分类减量实践特征及偏好类型

1. 总体特征

样本总体日常垃圾分类减量实践的频数分布情况见图 2。由图 2 可知，垃圾减量实践（包括垃圾减量和重复利用）和垃圾分类实践在不同行为发生频率上有明显差别。垃圾减量和重复利用的普及率最高，约 50% 的样本能经常性地参与这两项实践，另有约 30% 的样本表示偶尔参与这两项实践。垃圾分类则与环保讨论的行为发生频率处于同一水平，能经常性地参与这两项实践的样本占比约 16%，能偶尔参与这些实践的样本占比不超过 45%。相比之下，其他行为实践的普及率较低（<30%），能经常性地参与这些实践的样本占比不超过 6%。

结合以往相关研究，普及率较低的行为实践均反映人们在公共场域或围绕公共环境改善而展开的公共参与实践，属于公域环境行为的范畴。[①] 普及率最高的垃圾减量和重复利用则主要围绕个人日常生活展开，属于私域环境行为的范畴。虽然垃圾分类和环保讨论也通常被视为私域环境行为，但这两项实践的日常性并不凸显。结合调查当下我国城市垃圾分类的推行情况，可认为垃圾分类同样具有公共参与的属性。而环保讨论也有可能发生在公共场域。进一步采用系统聚类分析考察这两项实践的独立性，结果发现，这两项实践的确能与其他实践区分开来。两段探索性因子分析的结果也与之相似。[②] 这意味着垃

---

① 彭远春：《城市居民环境行为的结构制约》，《社会学评论》2013 年第 4 期。
② 在初步探索性因子分析阶段，垃圾减量、重复利用、垃圾分类和环保讨论聚集在同一个公共因子上，但垃圾分类和环保讨论的载荷均小于 0.6。故针对这四项实践进行二次探索性因子分析。结果显示，垃圾分类和环保讨论（载荷在 0.808~0.839）与前两项实践（载荷在 0.811~0.870）分别聚集在两个公共因子上。这两个公共因子共解释 71.2% 的总变异（KMO = 0.609，Bartlett χ^2 = 3240.75，df = 6，p < 0.001），结果具有统计学意义。

圾分类有别于垃圾减量和重复利用，具有"公域"和"私域"的双重属性。然而，这两项实践的公共性较之其他公域环境行为更模糊，因此可视其为弱公共参与。

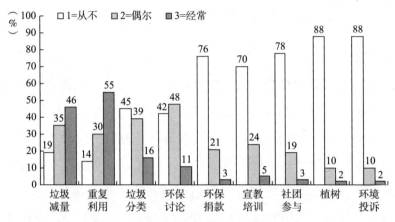

图 2　城市居民垃圾分类减量实践频率

2. 垃圾分类减量偏好类型

本研究采用潜在类别分析考察群体层面垃圾分类减量偏好类型。结果共检出五个具有统计学意义的模型。潜在类别个数为 2~4 个的模型拟合情况见表 2。① 这些模型的熵值均在 0.700 以上，表明模型分类的正确性均通过检验。② 模型拟合度主要根据 AIC 值、BIC 值和 ABIC 值判断，值越小，表明模型拟合度越好。三个模型中，潜在类别个数为 4 个的模型拟合度最好。综合考虑模型拟合度和类别概率分布情况，本研究选取潜在类别个数为 4 个的模型进行分析。

---

① 这里的统计学意义指模型对应的 LMR 和 BLRT 检验结果在 0.05 的检验水平上具有显著性。由于当模型的潜在类别个数增至 5 个及以上时，部分潜在类别概率不足 10%，其代表性甚微，故未汇报潜在类别个数在 5 个及以上的模型拟合结果。

② 一般认为熵值大于 0.6 时，样本被正确分类的概率达到 80%，是进行潜在类别分析的基本要求。熵值越大，表明样本被正确分类的概率越高。当熵值为 0.8 时，样本被正确分类的概率达到 90%（参见 G. Lubke, and B. O. Muthén, "Performance of Factor Mixture Models as a Function of Model Size, Covariance Effects, and Class-specific Parameters," *Structural Equation Modeling：A Multidisciplinary Journal*, Vol. 14, 2007, pp. 26-47）。

表2　潜在类别模型的拟合度比较

模型	潜在类别个数	自由度	AIC 值	BIC 值	ABIC 值	熵	LMR p 值	BLRT p 值	类别概率
模型 1	2	37	84761.004	85013.131	84895.554	0.833	0.000	0.000	0.30/0.70
模型 2	3	56	83282.083	83663.619	83485.665	0.739	0.000	0.000	0.27/0.31/0.42
模型 3	4	75	82396.766	82907.751	82669.42	0.719	0.000	0.000	0.29/0.31/0.14/0.26

　　各潜在类别群体在各项环保实践三个水平（"从不"、"偶尔"和"经常"）上的条件概率分布情况见图3。单因素方差分析结果显示，四个潜在类别群体在各项环保实践上的均值具有显著的组间差异，尤其是在垃圾减量、垃圾分类和环保讨论等实践方面，四个潜在类别群体彼此之间均存在显著差异，这从一个侧面证实四个潜在类别具有显著的区分效力。本研究根据图3所示条件概率分布情况，进一步区分出积极参与者、重度减量者、轻度减量者和旁观者四种偏好类型。

　　旁观者偏好群体在各项实践最低水平（"从不"）上的条件概率在四个潜在类别中最高（54%~99%）；而在各项实践中间（"偶尔"）（1%~19%）及最高（"经常"）（0%~26%）水平上的条件概率较低，整体表现为一种缺失类型。① 尽管旁观者偏好群体在两项垃圾减量实践（垃圾减量和重复利用）中间水平上的条件概率并非最低，但与其他偏好群体相比，其在各项实践中间水平上的条件概率波动最小，表明该偏好群体在垃圾分类减量实践方面没有明显的倾向，具有较大的随意性和偶然性。

---

　　①　潜在类别在各指标不同水平上的条件概率是指相应潜在类别群体中在既定指标上满足相应水平的占比，反映在类别群体中符合相应水平条件的样本聚集程度。比如，旁观者偏好群体在重复使用最低水平上的条件概率为54%是指，被归到该类别的样本集中有54%的样本在平日从不采取重复使用实践。而对于整体一般情况而言，从不进行重复利用的实际样本占比仅为14%；积极参与者、重度减量者和轻度减量者偏好群体中满足该条件的比例分别为9.8%、4.8%和5.3%。这表明从不进行重复利用的个体更倾向于在旁观者群体中聚集。

积极参与者偏好群体则在除两项垃圾减量实践以外的其他实践最低水平上的条件概率最低，而在中间及最高水平上的条件概率均较高。就该偏好群体而言，垃圾分类及环保讨论与其他环保参与实践在三个水平上的这种一致性表明这两项实践更可能是一种公共环保参与行为，主要受具有利他指向的公共参与和环境主义价值驱动。因此，该潜在类别的分类减量偏好属于反思型偏好。

重度减量者偏好群体的显著特征是其在且仅在两项垃圾减量实践最高水平上的条件概率明显大于其他潜在类型（≥86%）；与之相对，该偏好群体在两项垃圾减量实践中间水平上的条件概率最小（≤10%）。这体现了该偏好类型在两项垃圾减量实践方面独有的高频性。与重度减量者不同，轻度减量者则是在且仅在垃圾减量实践中间水平上的条件概率显著大于其他潜在类型（≥65%），这体现了该偏好类型在垃圾减量实践方面的低频特征。不过，无论是高频还是低频减量偏好群体，其均在公域环保实践同等水平上具有极小的条件概率，这表明垃圾减量实践与这些环保参与实践具有较强的互斥性。由此推测，这两种偏好群体的垃圾减量实践更可能受传统节俭文化价值和物质主义价值影响。不过，鉴于重度减量者的高频减量特征，推测该类型在整体上受传统节俭文化价值的影响更深远，相应行为实践体现的是超越具体情境的价值理性。与之相对，轻度减量者偏好可能更注重具体实践在特定情境中的回报（工具理性），从而因这种权宜性而表现为低频减量的特征。重度减量者偏好群体中相对更高的年长者（60岁及以上）占比（34.2%）和轻度减量者中相对更高的年轻者（40岁以下）占比（38.0%）也从一个侧面表明重度减量者偏好可能更受传统节俭文化价值的影响。基于上述分析，可认为重度减量者和轻度减量者的分类减量偏好是惜物型和实用型偏好的混合；只是比较而言，前者的惜物型偏好占比更高，而后者的实用型偏好占比更高。

综上，四个潜在类别中，积极参与者偏好群体在包含垃圾分类在内的环保参与实践方面表现最为积极，且其实践主要受公共参与和环境主义价值驱使。而重度减量者和轻度减量者偏好群体则分别在高频和低频垃圾减量实践上有更突出的表现，其实践主要受传统节俭文化价值和物质主义价值驱使。最后，旁观者偏好群体在各项实践上的表现最为消极，且其实践具有较大的随意性和偶然性，可以视为一种价值缺失类型。

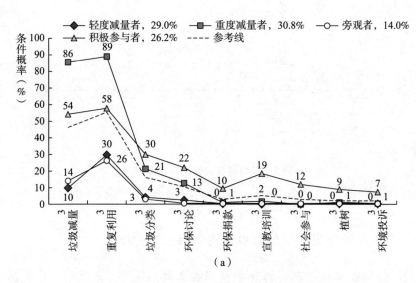

（a）

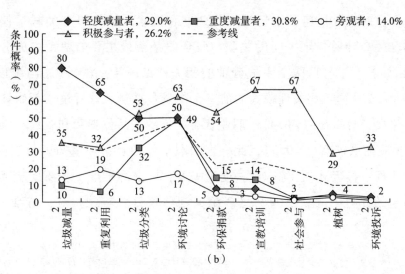

（b）

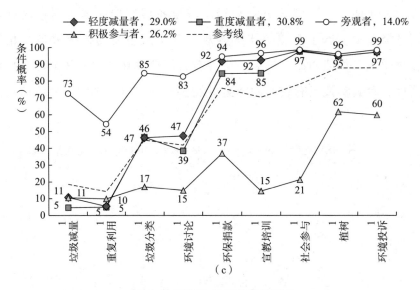

图 3　不同潜在类别的条件概率

说明：横坐标"1"表示"从不"；"2"表示"偶尔"；"3"表示"经常"。

（二）垃圾分类减量偏好群体的阶层差异特征

1. 垃圾分类减量偏好群体的空间分布特征

多重对应分析通过变量类别间的联合图来反映垃圾分类减量偏好群体与社会阶层各水平间的关联。联合图基于最主要的两个主成分轴绘制。① 各变量与这两个主成分轴的相关性见图 4。图 4 中，与维度 1（第一主成分轴）相关性较大的前三个变量包括受教育程度、新媒体使用和主要信息来源（>0.4）；职业状态、年龄、品位消费和收入与维度 1 的相关性也较高（>0.3）；此外，闲暇学习和日常环境知识与维度 1 的相关性也接近 0.3。综合这些变量来看，可推测维度 1 主要反映以教育为主的社会阶层状况及与之匹配的消费偏好。与之相对，与维度 2

---

① 多重对应分析结果显示，前六个主成分轴共解释数据空间变异的 30.1%，而第一和第二主成分轴能解释的变异占其中的 55%（特征值分别为 0.285 和 0.118），故仅选取这两个主成分轴为参照进行分析。由于初步分析结果显示，性别、婚姻状态、闲暇社交、社会信任和日常环境问题意识在两个维度的辨别度量值均很低（<0.1），表明不具备显著的区分效力，故在正式分析中将其设置为辅助变量，仅呈现相应变量类别在联合图中的中心位置。

（第二主成分轴）相关性较大的前三个变量为职业状态、年龄和传统媒体使用（＞0.2）；闲暇休闲与该维度的相关性也接近0.2。职业状态和闲暇休闲与维度2的较高关联性与生活节奏假设一致（闲暇时间资源是内嵌于职业结构的稀缺资源）。结合这些变量与维度2的关联情况，可推测维度2主要反映日常生活的松紧程度及闲暇偏好。

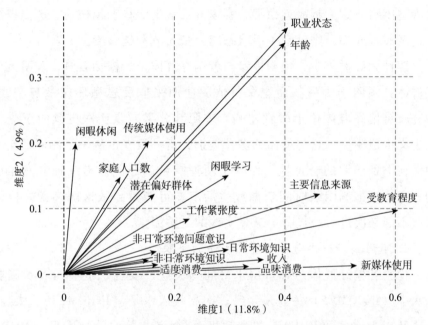

图4 垃圾分类减量偏好多重对应分析的辨别度量

四种偏好群体与其他变量类别间的联合见图5。① 首先，就联合图的整体结构来看，受教育程度、收入、新媒体使用和品位消费基本围绕横轴（维度1）从左至右依次排列，而适度消费的各水平则从左至右逆序排列。由于受教育程度和新媒体使用均与现代性反思能力相关，且品位消费反映后物质主义价值导向的需求，因此，可将横轴右端标记反思

① 鉴于篇幅，在此未列出所有变量类别（$n=58$）在两个维度的具体因子载荷（与两个主成分的相关系数）及其贡献值。若读者感兴趣，可联系作者获取相应数据。整体上，对维度1贡献较大的前十个变量类别依次为 NEW、EDU4、EDU1、YEAR5、INCOME5、NON、infonew1、infonew3、taste3 和 taste1；对维度2贡献较大的前十个变量类别依次为 YEAR5、NON、infotrad3、TRADITION、study3、SELF/FREE、HIRED、leisure3、YEAR3 和 HOME2。这些变量类别均沿对应图的边缘分布。

型实践和后物质主义实践；将左端标记为生活型实践和物质主义实践。越靠近左端，意味着现代性反思能力越弱，其行动越以物质主义价值为主导，且越依赖于传统、习俗和生活常识。对于纵轴（维度2），鉴于传统媒体和个体户/自由职业者分别位于顶端和底端，且闲暇休闲的低、中和高水平自下而上顺序排列，故将顶端和底端分别标记为松弛型和紧凑型闲暇方式。越靠近顶端，意味着日常生活状态越松弛、节奏越缓慢；越靠近底端，则日常生活状态越紧张、节奏越紧凑。

四种偏好群体中，仅积极参与者偏好群体位于横轴右侧，表明该偏好群体更倾向于受后物质主义价值驱使而采取反思型环保参与实践。两种减量偏好群体位于横轴左侧，表明其分类减量实践更倾向于受物质主义价值驱使。这与前面的潜在类别分析一致，也从一个侧面证实四种潜在类别模型的合理性。而基于两种减量偏好群体沿纵轴截然相反的分布，可推测闲暇时间资源或生活节奏可能是导致这两种偏好群体采取不同频次进行垃圾分类减量实践的关键因素。

2. 不同偏好群体与社会阶层水平的关联

检验各偏好群体与各阶层水平间的关联，发现积极参与者与高收入水平（INCOME5）关联最紧密；次高收入水平（INCOME4）、大专/本科及以上水平（EDU4）和党政机关/企事业单位管理人员（MGR）也靠近以积极参与者为中心的外圈边缘，在四个偏好群体中与积极参与者关联最紧密。这表明高社会阶层群体更倾向在积极参与者偏好群体中聚集。

与之相对，旁观者与次低收入水平（INCOME2）和初中水平（EDU2）关联最紧密，表明收入和受教育程度均较低的群体更倾向于在旁观者偏好群体中聚集。轻度减量者偏好群体也与初中水平（EDU2）和次低收入水平（INCOME2）呈现一定的关联性，表明收入水平和受教育程度均较低的群体同样倾向于在该偏好群体中聚集，只是其聚集程度不如其在旁观者偏好群体中的高。

不过，在四种偏好群体中，个体户/自由职业者（SELF/FREE）、

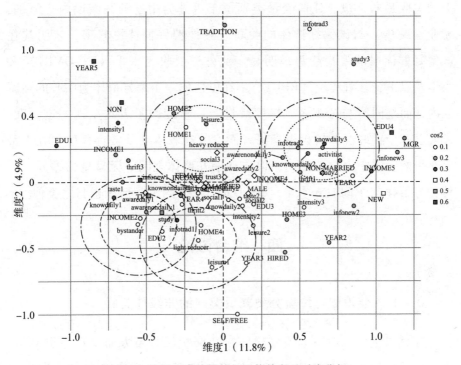

图 5　垃圾分类减量偏好群体的多重对应分析

　　说明：虚线圆圈仅作为参照边界，用以衡量图中不同变量水平与四种偏好群体的关联程度（内圈直径为 0.5；外圈直径为 1.5）。cos2 代表因子质量，为变量类别在两个维度上的因子载荷的平方。activist 表示积极参与者，light reducer 表示轻度减量者，heavy reducer 表示重度减量者，bystander 表示旁观者；knowdaily 表示日常环境知识，knownondaily 表示非日常环境知识；awarenondaily 表示非日常环境问题意识；infonew 表示新媒体使用，infotrad 表示传统媒体使用；taste 表示品位消费，thrift 表示适度消费；relax 表示闲暇休闲，study 表示闲暇学习；EDU1＝小学及以下，EDU2＝初中，EDU3＝高中（中专/技校），EDU4＝大专/本科及以上；INCOME1＝9999 元及以下，INCOME2＝10000～19999 元，INCOME3＝20000～29999 元，INCOME4＝30000～47999 元，INCOME5＝48000～80000 元；NON＝无业，SELF/FREE＝个体户/自由职业者，HIRED＝普通雇员，MGR＝党政机关/企事业单位管理人员；YEAR1＝18～29 岁以下，YEAR2＝30～39 岁，YEAR3＝40～49 岁，YEAR4＝50～59 岁，YEAR5＝60 岁及以上；HOME1＝家庭人口数为 1 人，HOME2＝家庭人口数为 2 人，HOME3＝家庭人口数为 3 人，HOME4＝家庭人口数为 4 人及以上；TRADITION＝传统媒体，NEW＝新媒体，TV＝电视。

　　普通雇员（HIRED）和高中（中专/技校）受教育程度（EDU3）与轻度减量者的关联较紧密，表明符合这些阶层水平的群体在轻度减量者中的聚集趋势最明显。四种偏好群体中，重度减量偏好群体与各阶层水平的关联最弱，没有任何变量类别位于以其为中心的圆圈以内；但是，无业（NON）与该偏好群体的关联较其他偏好群体更紧密，表明其在该偏好群体中的聚集趋势最明显。此外，低收入水平（INCOME1）和小学及以下受教育程度（EDU1）不在以任何一个偏好群体为中心的圆圈以内，而是同时与旁观者、轻度减量者和重度减量者均呈现一定关联，表明这三个偏好群体较积极参与者而言有在收入和受教育程度均处于最低水平的阶层中聚集的倾向，但三种偏好群体之间并无显见的差异。三种偏好群体与中间收入水平（INCOME3）间的关联情况也与之类似。

四　综合讨论

（一）社会阶层与垃圾分类减量偏好的非线性关联

综合以上结果，不同偏好群体在社会阶层分布方面存在一定差异。就不同偏好群体在各阶层水平上的聚集情况看，积极参与者与其他偏好群体（尤其是旁观者）之间的差异最明显，且差异主要表现在收入和受教育程度的高水平与低水平之间。具体而言，收入和受教育程度高的阶层和管理者阶层倾向于在积极参与者中聚集，而收入和受教育程度较低的阶层倾向于在旁观者、轻度减量者和重度减量者中聚集。采用多分类逻辑回归分析进行交叉检验，相应结果见表 3。该结果也显示，积极参与者与旁观者之间的受教育程度、收入及职业差异较明显；两种减量偏好群体之间仅在职业方面出现一定程度的分化，即以轻度减量者为参照，无业人员和普通雇员成为重度减量者的概率比个体户/自由职业者更高。相比个体户/自由职业者，无业人员也更可能成为重度减量者而不是轻度减量者。这与多重对应分析的结果基本一致。多分类逻辑回归分析结果还显示，收入高的阶层较收入低的阶层更有可能成为积极参与者而不是其他三种偏好群体，而受教育程度在初中及以下的群体较高中及以上的群体更有可能成为旁观者而不是其他三种偏好群体。这表明社会阶层对不同需求/价值驱动的垃圾减量偏好的影响具有非线性特征。

收入、教育和职业水平在积极参与者中聚集的一致倾向性可能与其相对紧密的关联有关。这也从一个侧面反映出高社会阶层在教育、收入和职业之间的一致性比中下社会阶层更高。与之相比，中下社会阶层的碎片化更严重，因此尚未在不同偏好群体中形成泾渭分明的区隔。

表3　垃圾分类减量偏好群体的多分类逻辑回归分析

	轻度减量[a]	重度减量[a]	积极参与[a]	重度减量[b]	积极参与[b]	积极参与[c]
截距	1.430**	3.375***	3.174***	1.946***	1.744***	-0.201
女性	0.544***	0.988***	0.808***	0.464***	0.283**	-0.181*
已婚	0.049	0.217	-0.209	0.168	-0.16	0.008
非党员	0.259	0.309*	0.093	0.05	-0.16	-0.216*
年龄						
18~29 岁	-0.083	-1.138***	-0.355	-1.055***	-0.272	0.783***
30~39 岁	-0.189	-1.004***	-0.428*	-0.815***	-0.24	0.575**
40~49 岁	-0.229	-0.635***	-0.327*	-0.406**	-0.097	0.308*
50~59 岁	0.016	-0.297*	-0.044	-0.312**	-0.06	0.253+
家庭人口数						
1 人	-0.283+	-0.236	-0.217	0.047	0.067	0.019
2 人	-0.116	-0.002	0.077	0.113	0.193+	0.08
3 人	-0.058	-0.044	0.211	0.015	0.270**	0.255*
收入						
低水平	0.097	-0.011	-0.468*	-0.108	-0.565**	-0.457**
次低水平	-0.014	0.053	-0.224	0.067	-0.21	-0.277+
中间水平	-0.07	-0.02	-0.103	0.051	-0.033	-0.084
次高水平	0.055	0.269	-0.205	0.214+	0.15	-0.064
受教育程度						
小学及以下	-0.767**	-0.862***	-1.145***	-0.094	-0.378*	-0.284+
初中	-0.526*	-0.678***	-0.849**	-0.152	-0.323*	-0.171
高中（中专/技校）	-0.224	-0.365*	-0.403*	-0.141	-0.179	0.039

续表

	轻度减量[a]	重度减量[a]	积极参与[a]	重度减量[b]	积极参与[b]	积极参与[c]
职业状态						
无业	0.02	0.145	0.16	0.125	0.14	0.015
普通雇员	0.046	0.143	0.102	0.097	0.055	-0.041
个体户/自由职业者	-0.063	-0.281	-0.534*	-0.219	-0.472**	-0.253
日常环境问题意识						
低水平	-0.438**	-0.408**	-0.139	0.03	0.299*	0.269*
非日常环境问题意识						
低水平	0.213+	-0.131	0.183	-0.345***	-0.396***	-0.052
中水平	-0.002	-0.024	0.219	-0.022	0.221+	0.242*
日常环境知识						
低水平	-0.384*	-0.734***	-0.015	-0.350**	0.369**	0.718***
中水平	-0.068	-0.384**	0.135	-0.316**	0.203**	0.519***
非日常环境知识						
低水平	0.189+	0.115	-0.392*	-0.075	-0.581***	-0.506***
传统媒体使用						
低频次	-0.553*	-0.918***	-1.259***	-0.366*	-0.707***	-0.341**
中频次	-0.199	-0.425+	-0.272	-0.226	-0.073	0.153
新媒体使用						
低频次	0.089	-0.007	-0.16	-0.083	-0.249+	-0.166
中频次	0.253	0.088	0.121	-0.165	0.132	0.032
主要信息来源						
传统媒体	-0.068	-0.11	0.228	-0.042	0.296	0.339*
TV	0.074	-0.025	0.284+	-0.099	0.209+	0.308**
品位消费						
低水平	0.116	-0.105	-0.580***	-0.220*	-0.696***	-0.476**
中水平	0.2	0.048	-0.163	-0.151	-0.363***	-0.212*
适度消费						
低水平	0.173	0.045	0.609***	-0.128	0.436**	0.563***
中水平	0.278*	0.186	0.569***	-0.093	0.290*	0.383**

续表

	轻度减量[a]	重度减量[a]	积极参与[a]	重度减量[b]	积极参与[b]	积极参与[c]
闲暇休闲						
低频次	0.206	-0.078	0.247[+]	-0.284[**]	0.041	0.326[**]
中频次	0.261[*]	0.077	0.316[**]	-0.184[*]	0.054	0.239[**]
闲暇学习						
低频次	-0.144	-0.692[***]	-1.022[***]	-0.548[***]	-0.878[***]	-0.330[**]
中频次	0.153	-0.282	-0.035	-0.435[**]	-0.187	0.248[*]
闲暇社交						
低频次	-0.322[*]	-0.168	-0.472[*]	0.154	-0.15	-0.304[**]
中频次	0.098	-0.01	0.063	-0.108	-0.035	0.073
工作紧张度						
低水平	-0.205	-0.343[*]	-0.551[***]	-0.139	-0.346[**]	-0.207[+]
中水平	0.104	-0.165	-0.149	-0.270[**]	-0.253[**]	0.016
社会信任						
低水平	-0.536[***]	-0.441[**]	-0.671[***]	0.095	-0.135	-0.230[*]
中水平	-0.212	-0.141	-0.131	0.071	0.081	0.01

注：a 表示以旁观者为参照，b 表示以轻度减量者为参照，c 表示以重度减量者为参照。$N = 4897$；$\chi^2 = 14400.09$，$df = 14430$，$p = 0.568$；Pseudo $R^2 = 0.254$；[+] $p < 0.1$，[*] $p < 0.05$，[**] $p < 0.01$，[***] $p < 0.001$。

（二）需求/价值视角与现代性反思视角的综合比较

需求/价值视角认为收入高的阶层更可能具有反思型垃圾分类减量偏好，而收入低的阶层更可能具有惜物型和实用型垃圾分类减量偏好，这两种偏好分别与品位消费和适度消费呈正向关联。本研究中，与反思型垃圾分类减量偏好相对应的积极参与者偏好群体与高收入水平和品位消费的中/高水平均具有紧密关联，且多分类逻辑回归分析结果也显示，中/高品位消费群体较低品位消费群体更有可能成为积极参与者而不是其他偏好群体。该结果支持假设 1。但是，由于低收入水平同时与旁观者和两种偏好群体关联，且适度消费的高水平与旁观者的关联更紧密，因此结果并不支持假设2。需求/价值假设仅得到部分验证。

现代性反思假设则认为受教育程度高的阶层将反思内化为一种实践意识而受教育程度低的阶层的现代性反思能力相对匮乏，因此前者更倾向于使用新媒体，更可能具有高水平的信息获取意识和环境意识，进而更可能具有反思型垃圾分类减量偏好（假设3），而后者的信息获取意识和环境意识则相对匮乏，导致其垃圾分类减量实践并无特定方向而表现为偏好缺失型（假设4）。多重对应分析结果显示，指向社会/环境福祉的积极参与者偏好群体不仅与较高受教育程度关联紧密，也与闲暇学习的中/高水平、新媒体使用、高频信息获取（针对新媒体使用）和环境认知（非日常环境问题意识、日常环境知识和非日常环境知识）的高水平相关联；而偏好缺失型的旁观者不仅与较低受教育程度关联最紧密，还与闲暇学习的低水平（代表从不闲暇学习）、电视、低频信息获取（包括新媒体使用和传统媒体使用）及环境认知的低水平相关联。多分类逻辑回归分析的结果也基本与此一致。[①] 以上结果支持现代性反思假设。

综上，需求/价值视角侧重在"物质主义/低层次需求—后物质主义/高层次需求"的维度上分析收入与垃圾分类减量实践之间的关系；而现代性反思视角侧重在"传统性-现代性"的维度上分析教育与垃圾分类减量实践之间的关系。后者能有效解释教育与不同垃圾分类减量偏好的关联，而前者只能有效解释收入与积极参与者偏好之间的关联。相对而言，现代性反思假设更具解释效力。

相比需求/价值假设，现代性反思假设更具解释效力的原因可能在于在中国情境中垃圾分类减量实践本身的复杂属性。具体而言，遵从传

---

① 非日常环境意识的中水平成为积极参与者而不是旁观者的概率是低水平的1.49（$e^{0.402}$）倍；非日常环境知识的高水平成为积极参与者而不是旁观者的概率是低水平的1.48（$e^{0.392}$）倍；高频和中频信息获取（传统媒体使用）成为积极参与者而不是旁观者的概率分别是低频的3.52（$e^{1.259}$）倍和2.69（$e^{0.988}$）倍；闲暇学习的高水平和中水平成为积极参与者而不是旁观者的概率分别是低水平的2.78（$e^{1.022}$）倍和2.68（$e^{0.9897}$）倍。

统节俭文化的垃圾分类减量实践尽管具有物质主义的价值指向，但又超越了物质主义，而受更高层次的传统文化价值统摄。仅从需求/价值视角分析我国居民垃圾分类减量偏好的阶层差异是欠妥的。

（三）生活节奏与垃圾分类减量实践的阶层差异

生活节奏假设认为时间资源内嵌于职业结构，因此职业通过闲暇时间资源来影响垃圾分类减量实践在时间上的编排方式。尽管综合来看，本研究所选取的工作紧张度并没有很好地反映生活节奏（该变量与维度2的相关性小于0.1），但重度减量者偏好与轻度减量者偏好刚好沿纵轴相对分布的结果与生活节奏假设相符。这两种偏好类型分别与闲暇休闲的高水平和低水平关联。闲暇休闲活动与生活节奏有关。当生活节奏紧凑、闲暇时间有限时，人们投入到闲暇休闲活动上的时间就少；反之亦然。这表明两种减量偏好类型与生活节奏关联紧密。进一步结合其与不同职业类别的关联，可发现生活相对悠闲的无业人员与重度减量者偏好有更高关联，而生活节奏相对紧凑的个体户/自由职业者则与轻度减量者和旁观者关联。结合家庭人口数的空间分布，还可推测较大的家庭规模和较多的家庭事务可能是导致个体户/自由职业者生活节奏相对紧凑的一个重要原因。

五　结论

本研究基于CGSS 2013调查数据，综合潜在类别分析和多重对应分析，从社会实践视角探讨我国城市居民垃圾分类减量偏好类型及其社会阶层差异。从"传统性-现代性"的维度提出关于垃圾分类减量实践阶层差异的现代性反思假设。结合绿色消费/亲环境行为研究领域经典的消费需求理论和后物质主义价值理论从收入和教育两方面考察了我国城市居民垃圾分类减量偏好阶层差异的形成逻辑。

在经验层面，借助潜在类别分析识别出四种垃圾分类减量偏好群体（偏好类型）：以增进社会/环境福祉为导向的积极参与者偏好、传统节俭与物质主义混合的重度减量者、轻度减量者偏好及没有特定价值取向的旁观者偏好。基于多重对应分析，发现社会阶层在不同需求/价值驱动的垃圾分类减量偏好的分布具有非线性特征。收入和受教育程度高的阶层和管理者阶层在积极参与者中聚集的趋势最为明显；而收入和受教育程度较低的阶层主要在旁观者和两种减量偏好群体中聚集，但旁观者与两种减量偏好群体之间的阶层分化趋势不明朗。由此可见，并非收入水平越低，越倾向物质主义导向的垃圾分类减量实践。

该结果证实了教育通过现代性反思能力影响垃圾分类减量偏好的假设（现代化反思假设），但仅部分支持需求/价值假设。之所以需求/价值假设不能有效解释收入与垃圾分类减量偏好之间的关系，是因为该理论视角仅强调垃圾分类减量实践的"物质主义-后物质主义"维度，而忽略其传统性的一面。而现代性反思假设将垃圾分类减量实践置于"传统性-现代性"的空间坐标，为进一步讨论遵从传统节俭文化价值的垃圾分类减量实践的阶层差异提供了理论空间。尽管在这一方面，本研究的考察是探索性的，但借助于多重对应分析，揭示了闲暇生活方式和时间资源可能是形塑以传统节俭文化价值为主导的垃圾分类减量偏好的关键及首要因素。个人的生活及教育经历、生命周期以及职业均依附在这两个变量上而通过它们起作用。

上述研究发现也表明，将居民垃圾分类减量实践化约到整体平均水平意义上的行为加以考察可能会掩盖其背后的复杂意向系统。而借助潜在类别分析以行为主体为介质来探讨垃圾分类减量偏好的策略为消费实践的定量研究提供了一个备选思路。多重对应分析最初应用于布迪厄的区隔研究。[①] 朱迪以及范国周和张敦福曾先后将其应用于我国

---

① Le Roux Brigitte, and Rouanet Henry, Multiple Correspondence Analysis, California: SAGE Publications, 2010, pp. 4-5.

消费实践研究领域。① 但整体而言，该方法在国内可持续消费研究领域依然处于边缘位置。而得益于多重对应分析，本研究才能在经验层面描绘社会阶层与我国居民垃圾分类减量实践之间的非线性关联，也为遵从传统节俭文化价值的垃圾分类减量实践的社会结构差异提供一个有力的分析工具。将潜在类别分析与多重对应分析相结合的研究策略，或能为我国绿色消费实践研究提供研究方法上的洞见。

　　本研究还进一步揭示，遵从传统节俭文化价值的垃圾分类减量实践，似乎为该实践向现代性反思的转变提供了认知上的潜能。这主要体现在重度减量者较轻度减量者而言有相对更积极的信息获取意识和更多的非日常环境知识。后者可能是前者的一个溢出效应。具体而言，促成以传统节俭文化价值为指导的垃圾分类减量实践的那些条件及实践本身，为该群体非日常环境知识的建构提供了有利条件。不过，这种认知并没有转化为对环境价值的认同。进一步探讨阻碍该群体环境价值建构的影响因素将有利于重度减量者向积极参与者的转变。

---

① 　朱迪：《混合研究方法的方法论、研究策略及应用——以消费模式研究为例》，《社会学研究》2012 年第 4 期；范国周、张敦福：《文化消费与社会结构：基于 CGSS 2013 数据的多元对应分析》，《社会科学》2019 年第 8 期。

互动治理视角下农村生活垃圾
治理的实践困境与原因[*]

吴柳芬　廖鸣霞^{**}

摘　要：长期以来，中国的农村环境治理主要是政府主导的、自上而下的以资金支持、技术供应为特征的模式。本文通过对一个具体的农村垃圾治理案例的实地调研，展现了其治理行动的推进过程与失灵受阻的非预期后果。研究发现，这是一个"互动治理失灵"问题。在自上而下推进治理的过程中，上下级政府之间及政府与村庄之间存在治理图像认知偏差、治理工具与当地社会发展不匹配、治理权责配置不合理，导致治理行动难以做到植根于农民的日常生活并持续发挥作用。为此，未来的农村环境治理除了要继续完善以政府为主体的治理体制，还应该促进治理过程中不同层级、不同治理主体的有效互动。

关键词：互动治理　农村垃圾治理　治理失灵　政府主导

在中国广大农村地区，农村人居环境治理作为提升农民生活品质、改善农村生态环境的核心举措，是现阶段乡村振兴战略实施的重要环节。近年来，政府在政策制定中逐渐将改善农村人居环境置于重要位

---

* 本研究为国家社会科学基金青年项目"西南欠发达地区农村人居环境治理困境与机制创新研究"（项目编号：19CSH030）、广西财经学院2019年科研课题"农村互动式环境治理研究"的阶段性成果。

** 吴柳芬，广西财经学院财政与公共管理学院讲师，研究方向为环境社会学、社会治理；廖鸣霞，通讯作者，广西财经学院中国-东盟统计学院副教授，研究方向为国民经济统计、社会治理。

置，为解决农村人居环境问题提供了前所未有的机遇。各级政府和环保部门的持续投入，使农村人居环境基础设施得到显著改善，进而提升了农村居民的生活品质。同时，环境治理延伸至农村基层，改变了长期以来"重城市、轻农村"的环境治理失衡现象。这种政府主导的、自上而下的环境治理模式已经在一些农村地区取得了一定的成效。例如，华东地区早在 2003 年就已经进行了农村环境整治的探索与实践，经过从战略部署到示范引领再到整体推进的十多年治理历程，以浙江省"千村示范、万村整治"工程、安吉县"美丽乡村"建设为代表的治理行动被视为中国农村环境治理的鲜活样板。① 2018 年 2 月中共中央办公厅、国务院办公厅印发的《农村人居环境整治三年行动方案（2018—2020）》，2021 年 12 月中共中央办公厅、国务院办公厅印发的《农村人居环境整治提升五年行动方案（2021—2025 年）》，表明我国农村人居环境治理已被纳入系统性、定向性、渐进性的公共治理框架。

在国家政策和地方实践创新的共同推动下，全国范围内掀起了农村人居环境整治的浪潮。各地开展的治理行动重点集中在农村垃圾处理、厕所革命、污水治理等方面，并取得了积极的治理成果。截至2023 年，全国农村卫生厕所普及率超过 73%，农村生活污水治理（管控）率为 40% 以上，生活垃圾得到收运处理的行政村比例保持在 90%以上。②《中国农村人居环境发展报告（2022）》课题组对 2021 年全国调研数据的分析发现，农民对垃圾清运、改厕、河道治理、环境噪声治理等的满意度超过 80%。③ 这些治理举措有效遏制了农村环境质量的进一步恶化，为农村可持续发展、改善农村人居环境提供了重要保

---

① 2019 年，中共中央办公厅和国务院办公厅联合发布了《关于深入学习浙江"千村示范、万村整治"工程经验 扎实推进农村人居环境整治工作的报告》，强调对浙江美丽乡村建设成果经验的借鉴，表明浙江在全国范围内成为美丽乡村建设的典范。

② 2024 年 1 月 23 日上午 10 时国务院新闻办公室关于 2023 年农业农村经济运行情况新闻发布会中农业农村部副部长邓小刚披露的情况（参见《国新办举行 2023 年农业农村经济运行情况新闻发布会》，http://www.scio.gov.cn/live/2024/33237/tw/）。

③《中国农村人居环境发展报告（2022）》课题组：《中国农村人居环境发展报告（2022）》，北京：社会科学文献出版社，2023 年，第 208 页。

障。与此同时，已有的治理实践充分证明，农村人居环境治理是一项长期而复杂的系统工程。治理行动仍旧面临成效不佳和难以持续的困境，集中表现为政策没有得到有效落实、资金投入不足、治理主体错位、整治模式不当、技术适宜性不足等突出问题。① 在这些治理实践过程中，哪些因素导致了农村垃圾治理的"失灵受阻"？为了深入探讨这一问题，我们将目光聚焦于一个历经十多年垃圾治理历程的村庄，该案例为我们提供了一个生动的实践场景。细致剖析该村庄治理历程中涉及的各种治理要素和动态交互作用，有助于我们诊断该治理实践中存在的问题，揭示导致"失灵、受阻"的原因。

一 文献回顾：农村垃圾治理失灵与优化

农村生活垃圾问题一直以来是我国农村人居环境整治的重要任务之一。近年来，随着治理行动的深入推进，农村垃圾问题已经引起国内学者的广泛关注，逐渐成为农村人居环境治理研究的重要议题。就已有的农村生活垃圾治理失灵研究情况来看，存在自然学科与社会学科的明显分化，有"作为环境问题的农村垃圾治理"和"作为公共问题的农村垃圾治理"两种解释维度。

"作为环境问题的农村垃圾治理"研究维度主要关注垃圾处理的"技术-管理"问题。农村生活垃圾治理主要包括"投放—收集—运输—处理"四个技术-管理环节，学者们基于这四个环节形成了多样化的治理技术与策略讨论。例如，"生活垃圾-农业源垃圾-有机垃圾"三次分化的农村垃圾处理模式②；"分类回收-无害化沼气-天然填埋场-生物堆肥-循环综合治理-城乡一体式处理"的技术路线③；"村集—镇

---

① 于法稳：《乡村振兴战略下农村人居环境整治》，《中国特色社会主义研究》2019 年第 2 期。

② 杨荣金、李铁松：《中国农村生活垃圾管理模式探讨——三级分化 有效治理农村生活垃圾》，《环境科学与管理》2006 年第 7 期。

③ 管冬兴、彭剑飞、邱诚、楚英豪：《我国农村生活垃圾处理技术探讨》，《资源开发与市场》2009 年第 1 期。

运—县（区）处理"、"混合投放-分类收集处理"和"分类投放-分类收集处理"垃圾处理模式。① 这些研究主要从技术管理理念、治理技术局限与创新等角度展开对农村生活垃圾治理失灵问题的探讨，但解释面相对较窄。农村垃圾治理并非一个简单的技术治理问题，其涉及制度、多元治理主体、社会文化等多种因素，为此，社会科学的研究则侧重透过技术的现象去挖掘更深层次的原因。

"作为公共问题的农村垃圾治理"涵盖了社会学、政治学、公共管理、法学等多个相近、交叉学科的研究维度。农村垃圾治理的困境已经被许多研究者作为一种公共治理的体制性、机制性问题加以讨论。已有研究大多秉持了一种"政府-市场-社会"的研究视角。

在政府层面，大部分国家的农村垃圾治理属于政府的公共事务之一，政府扮演主导者和决策者的角色，因此，政府的权责与运作方式在农村垃圾治理中成为解释治理失灵的关键因素。在国外，巴西、马来西亚、埃及、印度尼西亚等多国政府的垃圾治理实践显示：政府行政能力不足，职能部门工作不力、投入不足、缺乏清晰的政策实施系统，政府忽略利益相关部门的意见和作用等问题，造成了农村垃圾治理真空、长期滞后、垃圾治理政策执行混乱、垃圾治理体系低效等困境。② 在我国，由政府主导的自上而下推动的公共治理体制中，政府是治理的最重要的主体，因而很多研究将农村环境治理困境归咎于政府治理的失灵，

---

① 赵光楠、吴德东：《中国农村生活垃圾处理模式研究》，《环境科学与管理》2013 年第 2 期。

② Gisele de Lorena Diniz Chaves, Jorge Luiz dos Santos Jr., and Sandra Mara Santana Rocha, "The Challenges for Solid Waste Management in Accordance With Agenda 21: A Brazilian Case Review," *Waste Management and Research*, Vol. 32, No. 9, 2014, pp. 19-31. Zaipul Anwar Zainu, and Ahmad Rahman Songip, "Policies, Challenges and Strategies for Municipal Waste Management in Malaysia," *Journal of Science, Technology and Innovation Policy*, Vol. 3, No. 1, 2017, pp. 19-22. Mamdouh A. EI-Messery, Gaber A. Z. Ismail, and Anwaar K. Arafa, "Evaluation of Municipal Solid Waste Management in Egyptian Rural Areas," *Journal of Egypt Public Health Assocociation*, Vol. 84, No. 1-2, 2009, pp. 51-71. Haskarlianus Pasang, Graham A. Moore and Guntur Sitorus, "Neighbourhood-based Waste Management: A Solution for Solid Waste Problems in Jakarta, Indonesia," *Waste Management*, Vol. 27, No. 12, 2007, pp. 1924-1938.

主要体现在：政府能力不足，基层"治理真空"；[①] 现有环境管理模式作用于农村环境治理的不兼容；[②] 政府权责界定不清、政府责任缺陷与不足等。[③]

在市场层面，关于公共治理引入市场主体的模式也引起了学界的广泛讨论，有学者认为在完全市场竞争中单纯依赖政府主导的治理根本无法满足需求，需要建构市场主导型农村生活垃圾治理体系。[④] 而PPP（Public Private Partnership）、BOT（Build-Operate-Transfer）等公私合营治理模式在基础设施供给方面的有效性一直备受争议。一些研究认为PPP模式属于高效率的治理工具，[⑤] 但也有研究指出PPP模式是低效甚至是无效的，比传统模式的代价更高。[⑥] 在中国农村人居环境治理研究中，有研究对农村生活垃圾处理的PPP模式与传统模式进行了比较，发现两种模式各有优劣，PPP模式具有较强的灵活性与创新性，而传统的政府治理模式具有较强的社会动员性与价值公平性。[⑦]

另外，垃圾治理是农村环境治理的具体面向，是政府治理行动在农村社会的一个嵌入过程，因而关于政府与农民的关系、农民的参与行为等方面的研究也较为突出。其中，比较常见的就是一种"强政府-弱社会"不平衡的主体关系分析视角。来自印度、肯尼亚和尼日利亚的案

---

① 乐小芳、张颖：《传统环境管理模式下农村环境污染和破坏的制度因素分析》，《生态经济》2013年第7期。

② 胡双发、王国平：《政府环境管理模式与农村环境保护的不兼容性分析》，《贵州社会科学》2008年第5期。

③ 吴柳芬、杨奕：《基层政府权责配置与农村垃圾治理的实践——以桂北M镇"清洁乡村"治理项目为例》，《南京工业大学学报》（社会科学版）2018年第3期。

④ 韩冬梅、次俊熙、金欣鹏：《市场主导型农村生活垃圾治理的美国经验及启示》，《经济研究参考》2018年第7期。

⑤ Deepak K. Karki, Tolib N. Mirzoev, Andrew T. Green, et al. "Costs of a Successful Public-private Partnership for TB Control in an Urban Setting in Nepal," *BMC Public Health*, Vol. 84, No. 7, 2007, pp. 1-12.

⑥ Patil, Tharun D., and Laishram B, "Infrastructure Development Through PPPs in India: Criteria for Sustainability Assessment," *Journal of Environmental Planning and Management*, Vol. 59, No. 4, 2016, pp. 708-729.

⑦ 杜焱强、刘瀚斌、陈利根：《农村人居环境整治中PPP模式与传统模式孰优孰劣？——基于农村生活垃圾处理案例的分析》，《南京工业大学学报》（社会科学版）2020年第1期。

例表明，个人、社区组织和非正式部门在垃圾治理中扮演关键角色，但往往被行政体系忽视或排斥。① 现阶段我国农村垃圾治理中由政府主导和推崇的城乡环卫一体化实践模式，实际上抑制了农民垃圾处理的积极性。② 而农村生活垃圾分类也是一种嵌入乡村社会的外部行为规范，难以避免产生参与性不足的主体性困境、制度性困境和公共性困境。③

综上，国内外既有研究大部分比较偏重将农村环境治理困境归咎于政府、市场及社会主体方面的局限。对应地，也提出了很多有针对性的对策建议。例如，培育社会资本，实行自主治理以破解农村环境治理中政府治理和市场化治理两种主流模式的失灵困境④；以柔性方式将国家的"硬规则"融入农民生活实践，增强农民主体性，推动村民自治⑤；"政府、市场、社会"三大主体协同参与的"社会共治"模式⑥；等等。总体上看，这些研究关注政府、市场及社会其他主体在农村生活垃圾治理中的角色与功能，却鲜少关注这些多元治理主体在农村垃圾治理过程中各自的能动性及其互动关系，忽视了农村垃圾治理多环节、多任务和多维度的特征。在农村垃圾治理过程中，由政府主导和推动的环境技术治理目标在实践过程中会受到治理技术与农村社会相互作用构成的复杂场域的影响。其中，基层管理者和村民是最直接的垃圾治理主体，要想剖析农村环境治理困境的形成原因，有必要对这些治理主体的行动过程予以详细考察。只有将农村环境治理置于具体的社会背景与特定的场域，环境治理过程中的决策安排、制度运作以及村民反应等

---

① Isa Baud and Johan Post, "Between Markets and Partnerships: Urban Solid Waste Management and Contributions to Sustainable Development," *Global Built Environment Review*, Vol. 3, No. 1, 2003, pp. 46-65.

② 孙旭友、陈宝生：《国家-农民关系变迁中农村垃圾治理的实践转型与框架建构》，《江西社会科学》2019年第9期。

③ 丁波：《农村生活垃圾分类的嵌入性治理》，《人文杂志》2020年第8期。

④ 胡中应、胡浩：《社会资本与农村环境治理模式创新研究》，《江淮论坛》2016年第6期。

⑤ 冷波：《行政引领自治：农村人居环境治理的实践与机制》，《华南农业大学学报》（社会科学版）2021年第6期。

⑥ 王春婷：《社会共治：一个突破多元主体治理合法性窘境的新模式》，《中国行政管理》2017年第6期。

细致的问题才能浮现在研究者的视野之中。

二 互动治理视角与分析框架

随着我国环境治理行动的深入开展，环境治理领域呈现为"复合型"内涵的治理图景，各种治理问题与困境已经超出了单一行动主体所能应对的范围。基于这样的时代特征和现实治理背景，本文将西方环境治理研究领域中新兴的互动式治理视角（Interactive Governance Approach）作为本文的理论框架。

"互动式治理"理论是以简·库伊曼（Jan Kooiman）等为代表的一批学者在反思和批判传统治理模式局限性的基础上提出并建构的一种新的治理理论。该理论的出发点是基于这样一个假设：社会的治理是由治理效果的组合实现的。[①] 互动治理，即"为解决社会问题和创造社会机会而采取的整体互动，包括制定和应用指导这些相互作用的原则，并涉及使这些相互作用得以实现和控制的机构"[②]。它被视为一个综合性的过程，涵盖了公共和私人领域之间的广泛互动，不仅涉及这些互动的具体实践，还包括制定和应用指导这些互动的原则及那些使这些互动得以顺利进行的机构。在此含义中，对"互动"的强调成为该理论的主要创新，它可以被理解为为解决问题和创造机会而采取的一种具体行动形式，体现为两个或更多行动者之间的相互影响关系。它具有意图和结构二重性，即参与的行动者旨在达到某种结果，他们的互动行为又受到社会结构的制约。另外，互动具有预期和非预期的后果的特征。简·库伊曼将互动的后果生动地比喻为足球比赛，在足球比赛中，球员之间的互动决定了比赛的实际走向，无论是精彩的进球、激烈的竞争还

① Jan Kooiman, *Governing as Governance*, London: *Sage Press*, 2003.
② Kooiman J., Bavinck M., Jentoft S., et al., "Fish for Lift: Interactive Governance for Fisheries," in Kooiman J., et al. *The Governance Perspective*, Amsterdam: Amsterdam University Press, 2005, p. 17.

是平淡的比赛。同样，在社会互动中，行动者之间的相互影响和制约关系也决定了互动的实际结果。①

在此基础上，可以看到互动式治理体系主要由治理层级、治理要素和治理模式等治理组件构成。其中，治理层级表现为由第一层级、第二层级和元治理层级构成的三个同心圆结构；治理要素包括图像、工具和行动，它们之间有着紧密的逻辑关系；治理模式基于治理定位的不同通常被分为三种理想类型——等级治理、自治和共治。以上这些互动治理组件在治理实践中通常表现为治理对象（被治理系统）、治理主体（治理系统）及两者之间的互动关系结构（见图1）。

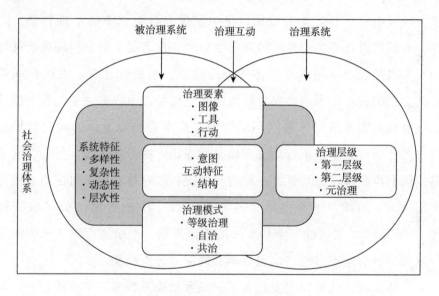

图1　互动式治理体系的构成

资料来源：该图基于对 Kooiman 等"社会体系可治理性的综合框架"和"互动治理模式的组成部分"的整合而得。参见 J. Kooiman，M. Bavinck，S. Jentoft，et al.，"Interactive Governance and Governability：An Introduction，"*The Journal of Transdisciplinary Environmental Studies*，Vol. 7，No. 1，2008，pp. 1-11.

---

① J. Kooiman，M. Bavinck，S. Jentoft，et al.，Fish for Lift：Interactive Governance for Fisheries，in Kooiman J.，et al.，*The Governance Perspective*，Amsterdam：Amsterdam University Press，2005，pp. 15-17.

从我国农村人居环境治理的演进脉络①可以看到，现阶段的农村环境治理面临着复合型环境问题挑战，并被纳入由政府、市场、社会组织和公众等多元主体共同参与、相互合作形成的复合型治理结构。② 在这样的治理背景下，农村垃圾治理是一个嵌入在由各级政府、企业、村庄组织、农民个体及其他社会组织等治理行动者所构成的关系网络中的一个政治行动、技术行动或社会行动，适合从互动治理理论视角来展开分析，并对农村垃圾治理失灵困境进行解释。

本文认为，农村环境治理成效取决于治理互动的情况。现阶段，国家是我国农村公共事务管理最重要的主体，基层社会的大规模改造均是在国家主导下开展与完成的，集中呈现为自上而下的治理特征。因此，本研究重点关注的是这种政府主导的、自上而下的农村环境治理行动在实践过程中不同治理主体（上级政府、基层管理者、农民）间的互动关系模式。在当前的农村环境治理过程中，由权责关系配置下的基层政府和村集体组织等基层环境管理者及作为能动主体的农民所形成的农村社会与技术治理行动关系将是贯穿始终的一条主线。另外，在这条主轴上串联着国家与社会、政府与村庄、政府与农民、村庄与农民等多层关系。因此，本文将结合"技术治理"中政府部门的"权责配置"、农民的"能动性"解析本文的理论思路。本研究用图 2 来表示这一复杂的社会动态过程，这也是本文的基本分析框架。

具体来看，此框架主要包含了三条互动关系线和三个互动过程：第一条为上级政府和环保部门与基层环境管理者（基层政府）之间的上下级关系线，这两者将在权责配置的规范基础上发生互动；第二条为村组织与村民之间的关系线，这层关系呈现的是农村社会中由认同、非正式规则、信仰体系等能动性因素制约下的农民主体之间的互动；第三条为基层环境管理者（基层政府）与作为能动主体的农民所形成的干群

---

① 吴柳芬：《农村人居环境治理的演进脉络与实践约制》，《学习与探索》2022 年第 6 期。
② 洪大用：《复合型环境治理的中国道路》，《中共中央党校学报》2016 年第 3 期。

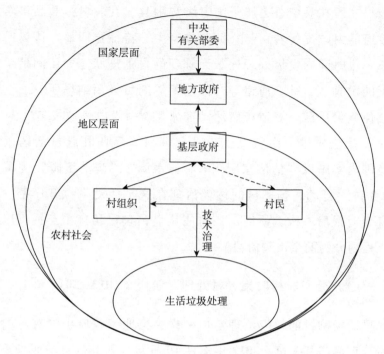

图 2　农村垃圾治理中的主体及其互动关系

关系线。这三条关系线穿插在治理系统（由行动者构成的治理体系）和被治理系统（村庄经济社会、村庄人居环境）中。基于互动式治理视角和此分析框架，本文将采用个案研究法对一个村庄 2013～2023 年的垃圾治理过程进行考察，并通过其来呈现农村垃圾治理的复杂性及其动力机制。

三　案例呈现：杨柳村垃圾治理失灵过程

杨柳村是西部欠发达地区 G 市 C 县 M 镇一个少数民族自然村，在区位、社会经济发展状况及文化方面具有西部欠发达地区传统农业发展型村落的典型特征。基于社会变迁角度的观察，该村庄在经济、社会、政治、文化等方面呈现的是农业生产现代化粗放经营，人口外流、社会功能弱化，文化生活世俗化的村庄经济社会人文形态。另外，该村庄所在县域过去属于国家级贫困县，其农村公共品供给需要依靠政府的财政支付转移与补助，政府主导特征更明显。该村庄在过去很长一段时间内垃圾处理处于无管理的自处理状态，田间地头、村落附近的山脚、竹林、河道等，都是天然的垃圾消纳场所，加上该村庄为仫佬族聚居区，宴请庆贺活动非常频繁，"白色垃圾多"与"垃圾围村"是该村过去的状况。2013年4月，广西壮族自治区政府在全区范围内实施以"清洁家园""清洁水源""清洁田园"为重点的"清洁乡村"行动，杨柳村的垃圾治理在这一活动下拉开序幕。截至2023年9月最后一次调研时，该村庄垃圾治理已历经十年，可以将这十年历程划分为两个治理阶段。

（一）"户分类、村收集、村处理"阶段（2013~2017年）

如早期杨柳村的垃圾治理空白一样，当地镇政府也没有专门的农村环境管理部门和人员。2013年4月19日，广西壮族自治区党委办公厅、政府办公厅制定了"美丽广西·清洁乡村"活动方案，从目标、基本原则、主要任务、时间安排、机制建设、资金来源、资金管理和组织机构等方面建构了这项治理行动的制度框架，并由市政府到镇政府一级层层落实安排。

垃圾治理技术可以说是"清洁乡村"活动的首要任务。对于这项任务，上级政府将决策权下放到基层政府。C县美丽办先是提供了垃圾处理模式的两种选择，一种是转运，一种是焚烧，随后召集乡镇分管领导到各地考察。M镇领导班子在对比这两种技术模式的预算费用后，最终选择了运营成本更低的以垃圾焚烧作为主要处理技术的"户分类、村收集、村处理"模式。M镇采用的垃圾焚烧炉为啤酒瓶形状，工作原理与石灰窑、炭窑差不多，操作相对简单。保洁员制度是各村申报建造垃圾焚烧炉的前提条件，按技术应配保洁员数标准为：30户及以下的自然屯1人，30户以上1~3人。保洁员负责包干区范围内的环境卫生清扫、垃圾收集与焚烧，要全天保洁、日产日清。从管理的角度看，当时的村庄保洁员实际上属于"专职"保洁员，他们的工资、工作时间、工作内容都有明文规定。

杨柳村响应并落实了这一垃圾治理模式，建立了"户收集-屯清运-就地处理"的治理模式。杨柳村全村共有236户962人，人口较多，在当地属于大村，镇政府规划在该村修建一座预算为8万元的大型垃圾焚烧炉①，如此规模的焚烧炉至少需要配备2名专业保洁员。除了垃圾焚烧炉，村中还建造了3个垃圾池，发放了12个公共垃圾桶。但这些垃圾处理的设备和设施并非同步到位，其中垃圾焚烧炉的建造需要经过申报、村民协商、招标、建造和验收等系列环节。垃圾焚烧炉没有建造之前，杨柳村的垃圾处理主要由保洁员用人力车拉到邻近的垃圾综合处理示范村建设试点S村的焚烧炉进行焚烧。保洁员的日常工作涵盖了收集垃圾、清理垃圾、运输垃圾与焚烧垃圾四个关键环节。简单来说，垃圾收集、清运与焚烧是村庄保洁员的常规工作内容。然而，这项工作时常伴随村民不配合垃圾分类、垃圾焚烧炉使用不灵等带来的超负荷工作。

杨柳村的这种垃圾治理模式在运行一年后陷入了难以为继的局面。2014年5月24日，杨柳村发生了一场因没有征求村民意见私自决定垃圾焚烧炉选址而引发的"砸炉风波"。经过该事件后，村庄里没有再重建焚烧炉，垃圾处理又回到在垃圾池就地露天焚烧的状态。这种局面一直持续到2017年11月，M镇的村庄垃圾治理模式才发生了新变化，转向"户分类、村收集、镇转运"模式。

（二）"户分类、村收集、镇转运"模式（2017~2023年）

2017年6月，广西壮族自治区政府召开全区"清洁乡村"再提升暨农村生活垃圾专项治理验收工作动员部署会议，垃圾治理工作又被摆上了日程。M镇获上级财政拨款200万元修建了一座大型生活垃圾热

---

① 焚烧炉规模大小不一，规格最大为70m³，最小为2.8m³；单炉最高造价成本为10万元，最低为0.6万元。

解站，开启了"户集、村收、镇运"的新治理模式。

新模式"新"在将原模式中的村庄终端处理改为镇政府终端处理，大型垃圾焚烧站和垃圾清运车是该模式的关键技术和工具。M镇政府重新启用了2013年上级配置但一直闲置的大型垃圾清运车，需要承担两名专职保洁员的月固定工资和垃圾清运车的汽油费、维修费等开支。村庄不再聘请专职保洁员，村里的保洁工作由村里的护林员和公益性岗位人员担任，他们属于"兼职保洁员"。每个村庄（屯）分别有2~3名护林员和公益性岗位人员，这些人员每月享受800~1000元的政府补贴待遇。杨柳村建立了由5名护林员和公益性岗位人员组成的保洁队伍，他们分工负责村屯道路、村屯巷道内的卫生清洁，不再需要将村内的垃圾进行收集与处理。村民则将家里的垃圾进行分类，然后用塑料袋将可燃烧的垃圾打包好自行拿到村中的垃圾池丢弃。每隔两三天，由政府聘请的专职保洁员就驾驶垃圾车将各村垃圾池中的垃圾清运到镇上的垃圾热解站焚烧。对于建筑垃圾这类不能燃烧的垃圾，村民分拣出来并放置到村屯里专设的位置，镇上的保洁员会不定期地清理。在这一新垃圾处理模式中，镇政府无须为各村保洁员工资补贴发愁，村民也不再需要支付垃圾清洁费。

新模式启用后，杨柳村的垃圾治理难题得到了很大程度上的解决。然而，随着农村生活垃圾专项治理验收工作的收尾，新模式仅良性运行了一年，这套模式的弊端又逐渐显现出来。由于镇垃圾焚烧站接收垃圾容量有限，各村的垃圾清运次数不断减少，清运不及时导致各村的垃圾池都是满的，垃圾池就地露天焚烧的问题又频频发生，一切又回到了起点。

根据当地政府的规划和部署，2022年C县发改委批复了有关11个乡镇利用自治区政府1050万元补贴进行垃圾中转站新建、转运设备采购和转运设施改造的农村生活垃圾处理项目，2023年C县城乡环卫一体化第三方运营服务项目招标完成，中标公司将负责11个乡镇各村屯生活垃圾收集转运至县垃圾填埋场、各乡镇中转站日常管理运行及乡镇集镇区域道路清扫保洁。基于该垃圾治理模式，C县在河池市率先实现了生活垃圾"村收、镇运、县处理"全域覆盖，农村生活垃圾收运率提升至99%。这些举措意味着杨柳村的垃圾治理又进入了新的治理阶段。

综上可见，杨柳村两个阶段的垃圾治理行动分别基于两种不同的垃圾处理模式，具体的手段和推进方式存在一定差异，但最终的治理效果都不尽如人意，与可持续治理仍有相当大的差距，整个治理行动陷入失灵的困局。

四　案例分析：杨柳村垃圾治理失灵的原因

杨柳村近十年的治理实践提供了一个深入探索互动治理机制的案例。在这一过程中，由上级政府、基层政府、村组织、保洁员和村民等多元行动者构成的治理系统，与作为被治理系统的村庄经济社会及人居环境，在互动中共同影响着治理的走向和结果。这种互动不仅包含了预期的、正向的治理效果实现，也伴随着非预期的，甚至负面结果的产生。杨柳村垃圾治理的失灵，便是这一互动过程中非预期后果的显著体现。基于互动治理视角，可以看到治理系统与被治理系统之间呈现一种相互影响、相互塑造的互动关系：治理系统通过制定政策、调配资源、实施管理等方式，试图影响和改变被治理系统；而被治理系统则通过其内在的社会结构、文化习俗、村民行为等因素，对治理系统的实施效果进行反馈和产生影响。可见，互动治理实践涉及治理系统的作用和被治理系统的响应与配合等多个方面。本文通过对杨柳村垃圾治理互动过程的系统分析，发现该村庄垃圾治理失灵的症结主要体现在三个层面。

（一）治理图像的认知偏差

在互动治理中，图像是重要的治理要素之一，在治理中发挥着至关重要的指引作用，包括愿景、事实、判断、目的和目标等。① 这些图像不仅紧密关联于具体的治理问题，也承载着对深层次问题的思考，在治理中，每个行动者对被治理对象都有自己的构想及所形成的图像，而这些图像是否清晰明确、逻辑严密且自成体系关系到治理实践的走向。"清洁乡村"项目是广西壮族自治区政府的一项地方创新，它与现阶段的国家生态文明建设理念一脉相承。② 与此同时，"清洁乡村"治理决策也是地方政府发展逻辑的强化。早在2006年9月，广西壮族自治区党委、政府就发起了一项全区性环境整治行动。鉴于此，"清洁乡村"治理图像更多呈现为政府自上而下的政治愿景和目标，具有"政府直控"的特点，其在嵌入具体治理场景时与第一治理层级的行动者们产生了认知层面的偏差。

1. 村庄：很关心垃圾问题，但不看好垃圾治理

在传统社会，"自给自足"与"物尽其用"的生产生活方式让村民在废弃物的消纳与利用方面基本上能实现人与自然的和谐。21世纪以来，伴随日常生活向现代化方向的转型，杨柳村的生活环境状况不断恶化，生活垃圾因而成为杨柳村一个最突出的环境问题。环境社会学研究表明，环境状况的恶化不仅体现在客观层面，也体现在处于环境中的人们对环境问题的关心方面。在对村民的调查中我们了解到，村民普遍意识到生活垃圾污染对健康与生活的危害，无人对"清洁乡村"治理政策的合法性与意义进行否定或提出质疑，均认为这是一件造福一方村民的好事。

这个"清洁乡村"的要求肯定没有问题，没有讲不合适的。不讲我们国家，就是世界上（其他国家和地区）对这个垃圾问题都是很重视的，发动（实施）这个政策的时候，大家是必然拥护

---

① Kooiman J., Bavinck M., Jentoft S., et al., "Interactive Governance and Governability: An Introduction," *The Journal of Transdisciplinary Environmental Studies*, Vol. 7, No. 1, 2008, pp. 1-11.

② 广西2011年申报获批成为第二批全国农村环境连片整治示范省份，2013年又入选全国首批开展"美丽乡村"建设的7个试点省份。

的，"你污染我、我污染你"又有什么意思？（42—村民 LWX）

可以说，该村村民在垃圾污染问题及治理上都显现出很大程度的"关心"，但是在实际的政府垃圾治理行动中，杨柳村的村民普遍不太看好当地政府的垃圾治理。在一些村民看来，政府的垃圾治理"不到位"，这种"不到位"表现为政府只管自己怎么做、不管适不适合。

> 政府的做法不对路（不适用），我们村现在那几个垃圾箱（政府配发的）根本不实用。现在村上到底得多少钱来做这些事我们也不清楚，我们只是享受这种设施。比如讲，你给我们 50 万（元），我们自己做焚烧炉，我们做得简化一点，还能做得更多。你给我们一个（焚烧炉）的钱，我们自己可以做两个、三个；你配一辆 30 万（元）的垃圾车，我可以用 30 万（元）买 6 辆农用车。农村和城市不一样，你那种所谓先进的垃圾车在农村就不适用，路太小（窄）了。（24—前屯长 LSX2）

不难发现，杨柳村村民对垃圾处理的态度具有一定的矛盾性。一方面，"垃圾围村"的危机使村民开始认识到垃圾污染问题的危害，并具备一些初步的环保知识；另一方面，该村的村民对垃圾治理流露出相对消极的态度，表现为对垃圾问题可治理性的怀疑。

2. 基层管理人员："干部在干，群众在看"

当地的措施是将"清洁乡村"考核任务落实为一把手的政治责任。这种层层下达、全方位的督查工作，其实是建立在政治问责，即对驻村干部施压、通过培训示范对驻村干部再动员的机制基础上的。这就在不知不觉间偏离了原本的治理目标，产生的一个直接后果便是："干部在干，群众在看。"这种压力型机制令基层干部的工作处于一种"非常态"的高度紧张之中，而村民的不配合则更增加了基层干部工作的难度与风险。

"清洁乡村"这样做也是因为上面给的压力比较大，时不时搞个督查暗访，但是如果没有这个督查，下面可能也会放松，这个也是没有办法的办法。如果是自治区督查组来检查，你这里垃圾问题严重的话，直接免掉负责的领导，没有好话和情面可讲，因为上面来的督查组是有媒体直接跟着来的。一旦新闻播出去，你就没有办法挽回了。C县还没有镇长直接因此被免掉的情况，但别的县有。现在是这种监督的力量太大了。村民不配合的话，我们就很被动了。（3—镇长WSH）

（二）高成本、严要求的治理工具与当地社会发展不匹配

工具是将图像与行动连接起来的中介，它可以是"软"的，例如信息、税收、罚款等，也可能是真正的"硬"工具，在治理过程中，它们的设计、选择和应用常常会引发冲突。[①] 治理工具和技术的不适应使治理效果大打折扣。从"清洁乡村"来看，不管是"清洁家园""清洁水源"还是"清洁田园"，所有项目的工作重心都放在了农村垃圾终端处理技术和保洁制度上，然而这两项工作在实施落地的过程中，却困难重重。

1. 垃圾处理模式——无法顾及环保的低成本技术选择

根据"清洁乡村"方案的部署，2013年6月，"清洁乡村"治理行动启动第二个月，广西壮族自治区住房和城乡建设厅制定了《广西农村生活垃圾处理技术指引（试行）》。根据技术指引的规范要求，M镇这类远离县城、交通闭塞的镇，应该选择以"户分类、村收集、村处理"模式为主，但不能采用技术标准不合格的垃圾处理技术。这些达标的垃圾焚烧技术需要大量资金支持以及配套先进和环保的设备，在

---

① M. Bavinck, R. Chuenpagdee, P. Degnbol, and J. J. Pascual-Fernández, "Challenges and Concerns Revisited," in J. Kooiman, et al., *The Governance Perspective*, Amsterdam: Amsterdam University Press, 2005, p. 317.

广西这样的欠发达地区的农村采用规范而环保的垃圾处理工具会面临着资金不足的巨大财政压力。

凭 M 镇的财政能力，几乎是不可能在每个村庄建成达到污染物排放标准的垃圾焚烧炉，因此，M 镇领导班子经过对比这两种技术模式的预算费用之后，最终选择了运营成本更低的以垃圾焚烧作为主要处理技术的"户分类、村收集、村处理"模式。

当时县里美丽办开始有指标申请，（垃圾处理模式）有两种选择，一种是转运，一种是焚烧炉，我们决定选焚烧炉。这个东西怎么讲呢，没有一定的财力是不会选转运的，一是麻烦，二是长期的运营费是个难题，如果后面没有经费了怎么办，谁来出这个钱？（2—镇党委书记 WFJ）

2. 保洁员制度——缺乏认同和专业知识的硬性嵌入

在"户收集、屯清理、村处理"制度设计中，保洁员是确保该制度正常运作的关键人物。在 M 镇的垃圾整治工作方案中，保洁员由各个村庄通过公开报名和选聘的方式委任，基本上由本村村民担任。但实际上，很少有村民愿意应聘此职，保洁员制度最后基本上是通过村委会的"安排"才勉强落实。但这份工作并没有得到保洁员的认可，集中体现为保洁员身份认同不足以及缺乏垃圾分类与焚烧的专门知识，最终导致保洁工作受挫。在职业认同与社会地位认同方面，身为"熟人社会"的村民对从事保洁员这一职业的态度极为微妙。对于这一点，村屯干部也颇为理解，并因此对保洁员给予了一定的"面子"补偿。

我们各家各户的垃圾都是自行拿去焚烧炉那里丢（扔），不像别的村要求保洁员到各家各户门口收。如果那样子做的话，他（保洁员）会觉得，怎么讲呢，会觉得有种拘束（感），所以他只愿意去焚烧炉那里烧，天天去各家各户家门口收垃圾，这是有点丢

面子的。就是单（仅）烧垃圾，我们也要给他鼓励，要不然谁都不愿做这个工作的。（23—T村屯长TJL）

（三）权责配置不合理的全能型政府行动

行动是互动治理的最后一个要素，它的功能就是让工具发挥作用，主要表现为根据既定的指导方针实施政策。这个过程涉及确保治理行动稳健运行的制度协调，具体表现在政府部门对该政策的组织、协调与督察等方面。从杨柳村两个阶段的垃圾治理历程可以看到，政府在其中扮演的是一个全能型政府的角色，这种治理行动逻辑，不仅会给基层政府财政带来很大负担，而且淡化了村民的责任意识。

1. "联而不动"的总体性动员

"清洁乡村"行动方案对治理涉及的相关部门进行了部署。C县的治理行动主要表现为总体性动员、集中式宣传和全覆盖督查。其中，C县采取县、乡镇"两级联动"的方式，从县直及驻县的中直、区直、市直等单位和乡镇一级政府选派工作队到村庄开展工作。"两级联动"是对传统自上而下政府主导型治理模式的创新。该治理行动几乎涵盖了当地所有的政府职能部门，构建了"总体性"动员机制，旨在通过这种"条块结合"的合作治理方式在更大程度上获取治理资源和支持，共同促进治理目标的实现。杨柳村垃圾治理失灵局面实际上体现了政府主导型环境治理模式下的"应急—反应"机制与"政府直控"特点。这种"应急—反应"机制主要是针对上级政府的指令和要求做出响应，而并非直接针对治理的实际需求进行应对。实际上各相关部门的权责没有进行实质性的落实，各部门在具体的治理过程中只需完成相应的程序性工作即可，缺乏进一步合作互动的动因。

我们七个联系单位几乎都是本地单位，作用都比较有限。有些乡镇有从自治区单位下来的，带的资源就多一些，比如像财政、发改这种单位就好啦。另外，这些第一书记的作用也要看个人的，有些人（第一书记）勤快点的，就好一些，有些懒一点的，人影都难见到。讲实在的不指望得到他们的帮助，有时候还有点麻烦，有些从自治区、市里面来的不好做工作，他按他的来，我们都比不得他（职务级别）大，哪好管他。（1—原镇委书记 WMZ）

2. 单一治理模式下的浅层次环境参与

互动理论将治理模式划分为分级治理、共治与自治三种类型，分级治理注重政府指导和控制，共治则强调社会各方的合作与互动，自治则是治理可持续推进的重要内部力量，所有治理活动都需要这三种模式的混搭，才能应对复杂多变的治理需求。杨柳村的垃圾治理行动涉及了这三种治理模式，但混搭不合理，更多呈现为单一治理模式的治理局面，这也是造成该村庄浅层次环境参与的原因所在。

在杨柳村第一阶段的"村处理"治理行动中，村庄保洁员负责整个村庄的垃圾清运和处理，他们的工资待遇也由村庄进行筹集。撇开焚烧炉的环保争议不谈，这实际上是一种内生于村庄的自治模式，最终却不尽如人意。根据 M 镇美丽办的数据统计，截至 2015 年 5 月 6 日，该镇在册登记的 84 名保洁员中，仅有 16 名保洁员正常履职，另外 68 名村庄保洁员以工资太低、工作量太大为由辞掉了该工作。其间最大的困难来自村庄保洁员工资的筹付。在当地其他一些县区，对保洁员的工资采取一比一的政府配套补贴的措施，即村庄筹集到多少钱政府同比例配套，这种"共治"解决了保洁员工资过低的问题，也展现了当地政府对村庄垃圾治理的重视和支持。

"清洁乡村"这个活动刚开始时，我喊各家各户筹点钱，一家 3~5 块钱，那么我们村也有千把几百块给一个人专门去烧（垃圾），这样既解决了垃圾问题，也基本上解决了（保洁员）的生活问题，后来收了一年后就很难收了，有点抵触，不会给钱，泼冷水

的人太多了。（23—T村屯长TJL）

而在杨柳村第二阶段的"镇处理"行动中，村庄垃圾治理的主要责任上移到镇政府层面，和第一阶段相比，看似很大程度上缓解了村庄垃圾治理的困难，但这只是一种责任转移，村庄层面低层次的环境参与行为并没有得到根本解决，反而会愈加严重。另外，在此后的"县处理"行动中，治理责任又进一步上移，完全由政府包办，村庄垃圾治理又实行由政府主导的自上而下的单一治理模式。

从中可以看到，村庄专职保洁员对该岗位的抵触主要是与村民缺乏理解、认同和支持的态度和行为有关。而在普通村民层面，他们在垃圾治理行动中的责任非常少，主要包括每户每年支付几十元的垃圾清洁费，将自家垃圾投放到家门口附近的公共垃圾桶，就连村庄集中垃圾整治现场活动都只是自愿性参与。作为农村社会主体的村民，置身于这样一种由政府"大包大揽"的垃圾治理行动中，他们很大程度上只意识到自己"受害者"的身份，而很难形成责任自觉。

五　结论与思考

本研究通过一个具体的农村垃圾治理实地案例，对导致这种治理不充分的社会逻辑进行了全面考察，发现这是一个"互动治理失灵"问题，政府在自上而下推进治理的过程中因上下级政府之间以及政府与村庄之间治理图像认知偏差、治理工具与当地社会发展不匹配、治理权责配置不合理，治理行动难以做到植根于农民的日常生活之中并持续发挥作用。

本研究从互动治理视角对村庄垃圾治理中乡村社会的行政、文化象征及具有多种角色和具体身份的人的行为进行分析，既区别于已有的农村环境治理研究那种过于关注宏观结构共性的研究，又不同于那些过于强调地方个性、忽视宏观社会背景的个案研究。本研究充分意识到，中国农村社会除了具有体制上的共性外，还极具地方个性。对此，本研究的政策启示可以表述为：未来的农村环境治理除了要继续完善以政府为主体的治理体制，还应该促进治理过程中不同层级、不同角色的治理主体之间的有效互动。

首先，治理应当注重社会规范的影响作用。规范是治理互动的背景，互动的发生需要以一定的规范原则为基础，治理需要注意这种"二重性"。因此，有效的垃圾治理需平衡这两方面，既确保规则的执行，又激发村民的参与积极性，实现社会结构与个体行动的和谐共生。在杨柳村中，垃圾治理不仅是村庄的公共问题，也是个体的生活环境问题，因此针对垃圾问题的图像构建应该内生于村庄的具体环境条件和村民直接的生活需求。

其次，治理应强调政府和其他行动者之间相互作用的平衡关系。互动式治理主张改变自上而下的实施原则，通过自下而上的方式实现众多参与行动体的互相映射。在这种主张中，即使政府经常扮演政策互动促进者和管理者的关键角色，但其在公共政策制定中也未享有特权，而一些处于对抗角色的行动者也应该可以获得重要的资源、经验和想法。只有有这种理论原则的转变，才能在复杂的治理网络和过程中实现互动与反向映射，才能在一定程度上防范治理实践的程序模糊性、偏离既定目标、沟通不畅以及资源分配不均等风险，从而提高治理成效。

最后，治理还应注重互动模式的有效组合。各方行动者在治理过程中的互动通常被认为是促成合作的主要原因。不同社会地位和层级的行动者在治理中的行动可以被分为参与、合作和互动三个类别，分别对应了自治、共治和分级治理的不同治理模式。只有强调不同主体间的互动作用，才有可能将以上三种治理模式结合起来，实现有效治理。

塑料资源回收处理的循环体系构建

——中日塑料瓶处理的比较研究[*]

赵　迪　何彦旻　王泗通　马　建[**]

摘　要：近年来伴随着塑料瓶消费量的显著增长，建立经济有效的塑料瓶回收处理体系是尤为必要的。通过推动立法及对相关生产企业的义务化规制，日本塑料瓶的回收率与再生利用率与欧美相比维持在较高水平，鉴于此，本文以中日两国塑料瓶回收处理实践为切入点，对中日塑料瓶再生利用的法律制度体系、回收方式与责任分担、实际再生利用现状等分别进行了讨论和对比。结果显示，从法律制度的维度来看，日本已形成较完善和规范的塑料瓶回收处理制度体系，而我国有待进一步完善废弃塑料瓶的回收处理政策；从回收方式的维度来看，日本塑料瓶回收方式及相关行为主体较为固定，灵活性不足，而我国塑料瓶的回收能够充分发动源头收集的民间群体的力量，并且近年来"互联网+"的回收方式作为创新型回收模式开始渐崭露头角；从实际再生利用现状的分析维度来看，日本从2012年起废弃塑料瓶的回收再生利用率虽维持在整体销售量的80%以上，但由于废弃塑料瓶的前端分类回收主要依托地方政府高额的财政支出，因此废弃塑料瓶的资源化处理给地方政府带来了较重的财政负担。而我国废弃塑料瓶的回收率虽已为95%以上，但由于分类方式较粗放等，废弃塑料瓶的资源化处理过程仍然存在一定程度的资源浪费。基于上述结论，

---

[*]　本研究受日本学术振兴会科研基金 JSPS KAKENHI（项目编号：21K12372）资助。

[**]　赵迪，天津商业大学外国语学院讲师，研究方向为环境政策学、资源环境管理；何彦旻，日本追手门学院大学经济学部副教授，研究方向为资源环境经济与政策、绿色税制与公共治理；王泗通，南京林业大学人文社会科学学院副教授，研究方向为环境社会学、社会治理；马建，日本龙谷大学社会科学研究所研究员，研究方向为环境政策学、资源环境管理。

本文提出只有政府、企业、社区等多方联动形成可持续的塑料回收处理体系，才能真正推动我国塑料循环经济体系的成功转型。

关键词： 塑料瓶　回收处理体系　循环经济体系

一　问题的提出

自 20 世纪制造出合成塑料以来，塑料材料的制品已经成为我们日常生活中不可或缺的一部分。目前，塑料的生产仍然依赖不可再生的原油，预计到 2050 年，用于塑料生产的不可再生能源的消耗量将达到其总消耗量的 20%。① 现如今，全球每年生产约 4.5 亿吨合成塑料，估计到 2045 年将成倍增长。② 但是，相比塑料的大量生产和使用，废塑料的全球总回收率仅为约 10%，而废塑料的焚烧和填埋则占了更高的比例。塑料产量的增长和塑料废物的大量累积对环境、人类健康、生态系统和全球资源造成了一系列不良且深远的影响。③ 特别是伴随着经济发展的全球化和高速化，大量的废塑料缓慢降解为微塑料和纳米塑料，加剧了对海洋、陆地和空气的污染。④ 废塑料污染已然成为仅次于气候变暖的全球第二大焦点环境问题，这一情况在 2016 年 1 月瑞士达沃斯召开的世界经济论坛 2016

① J. Huang, A. Veksha, W. P. Chan, A. Giannis, and G. Lisak, "Chemical Recycling of Plastic Waste for Sustainable Material Management: A Prospective Review on Catalysts and Processes," *Renewable and Sustainable Energy Reviews*, Vol. 154, 2022, Article 111866.

② M. Bergmann, B. C. Almroth, S. M. Brander, T. Dey, D. S. Green, S. Gundogdu, A. Krieger, M. Wagner, and T. R. Walker, "A Global Plastic Treaty Must Cap Production," *Science*, Vol. 376, No. 6592, 2022, pp. 469–470.

③ J. Huang, A. Veksha, W. P. Chan, A. Giannis, and G. Lisak, "Chemical Recycling of Plastic Waste for Sustainable Material Management: A Prospective Review on Catalysts and Processes," *Renewable and Sustainable Energy Reviews*, Vol. 154, 2022, Article 111866. A. Lee, and M. S. Liew, "Tertiary Recycling of Plastics Waste: An Analysis of Feedstock, Chemical and Biological Degradation Methods," *Journal of Material Cycles and Waste Management*, Vol. 23, No. 1, 2021, pp. 32–43.

④ J. Huang, A. Veksha, W. P. Chan, A. Giannis, and G. Lisak, "Chemical Recycling of Plastic Waste for Sustainable Material Management: A Prospective Review on Catalysts and Processes," *Renewable and Sustainable Energy Reviews*, Vol. 154, 2022, *Article* 111866.

年年会中被呈现出来，让世界人民意识到了问题的严重性。

中国是全球最大的软包装消费市场，塑料软包装下游应用行业中，食品饮料占比约为 70%。其中，食品硬包装中的聚酯瓶（PET 树脂瓶，以下简称 PET 瓶）包装处于高速发展阶段，且在中国饮料包装市场中占据主要份额，碳酸饮料包装中 PET 瓶的应用比例超过了 50%，[①] 具体来说，PET 瓶从 2016 年的 633 万吨迅速增长至 2020 年的 949 万吨。[②] 为了有效地回收利用废弃塑料瓶，减少环境污染，英国、德国、日本等发达国家已经制定了相应的政策法规，而许多发展中国家，还没有完善的政策来规范塑料瓶的回收与处理。由于固体废弃物政策和塑料瓶回收系统的不完整性，[③] 在很多发展中国家，正规和非正规的收集者交织在一起，甚至是后者主导着废品回收市场。[④] 然而，这些非正规的回收处理者在回收处理过程中不仅浪费了大量的 PET 资源，还造成了严重的环境污染。[⑤]

与此相比，日本塑料瓶回收率与再生利用率均已达到塑料瓶总体排放量的 85%，与欧美国家相比日本的塑料瓶的再生利用率维持在世界较高水平，[⑥] 被评为"资源循环利用的优等生"。[⑦] 此外，日本通过塑料瓶

---

① 世界自然基金会：《中国塑料包装再生现状白皮书》，2020，净塑自然研究报告之一，第4 页。

② 《头豹联合沙利文、财联社发布〈2021 年碳中和背景下 PET 瓶可持续发展报告〉》，https：//zhuanlan. zhihu. com/p/406036033，2021-9-2。

③ N. A. El Essawy, S. M. Ali, H. A. Farag, A. H. Konsowa, M. Elnouby, and H. A. Hamad, "Green Synthesis of Graphene From Recycled PET Bottle Wastes for Use in the Adsorption of Dyes in Aqueous Solution," *Ecotoxicology and Enviroment Safety*, Vol. 145, 2017, pp. 57-68.

④ A. Kumar, S. R. Samadder, N. Kumar, and C. Singh, "Estimation of the Generation Rate of Different Types of Plastic Wastes and Possible Revenue Recovery From Informal Recycling," *Waste Management*, Vol. 79, 2018, pp. 781-790.

⑤ F. Fei, L. Qu, Z. Wen, Y. Xue, and H. Zhang, "How to Integrate the Informal Recycling System into Municipal Solid Waste Management in Developing Countries: Based on a China's Case in Suzhou Urban Area", *Resources, Conservation and Recycling*, Vol. 110, 2016, pp. 74-86.

⑥ PETボトルリサイクル推進協議会「PETボトルリサイクル年次報告書 2023」，https：//www. petbottle-rec. gr. jp/nenji/new. pdf，2023-11.

⑦ 中村真悟「PET ホトルリサイクルシステムの新展開—官民連携での回収・リサイクルループ形成の意義—」，『人間と環境』，2021 年，第 47 巻第 3 号 .

回收再利用减少了二氧化碳的排放量，降低了环境成本。① 日本清凉饮料生产商等业界团体及日本全国清凉饮料联合会于 2018 年 11 月发布了《塑料资源循环利用宣言》，力争到 2030 年实现塑料瓶 100%有效再利用。

鉴于此，本文将以中日两国塑料瓶回收处理实践为切入点，从法律制度、回收方式、再生利用这三个维度对中日塑料瓶回收处理的法律制度体系、回收方式与责任分担、实际再生利用效果等方面进行比较分析，在客观分析塑料瓶回收处理体系优缺点的基础上，进而结合我国塑料瓶回收处理的经验与不足，提出我国塑料资源回收处理的循环体系，以期为我国更好地推进循环经济体系提供有益经验借鉴。

二 塑料瓶再生利用的法律制度比较

日本通过实施《促进容器包装的分类回收及循环利用法》（以下简称《容器包装再生利用法》）完善塑料类废弃物的资源化处理机制，而我国废塑料的回收处理也通过一系列法律法规的制定而逐步推行。本部分将从法律制度这一维度就日本与中国废弃塑料瓶再生利用法律体系进行对比分析。

（一）日本塑料瓶回收处理的法律制度建设

日本完整的塑料瓶回收处理制度是在《容器包装再生利用法》和1996 年日本全国清凉饮料企业协会"解除对销售小型塑料瓶的自主限制"之后确立并发展起来的。前者推动形成了市、町、村对废塑料瓶的分类回收机制，后者则使废塑料瓶的排放量显著增加。②

① Y. Ishimura, "The Effects of the Containers and Packaging Recycling Law on the Domestic Recycling of Plastic Waste: Evidence From Japan," *Ecological Economics*, Vol. 201, Article 107535, 2022.

② 中村真悟「PET ホトルリサイクルシステムの新展開—官民連携での回収・リサイクルループ形成の意義—」，『人間と環境』，2021 年，第 47 卷第 3 号.

1.《容器包装再生利用法》的制定背景

《容器包装再生利用法》是日本最初制定的个别再生利用法，也是日本首次实施生产者责任延伸制度（Extended Producer Responsibility，EPR）的法律。《容器包装再生利用法》是此后制定的家电再生利用法等以建设循环型社会为目标的一系列政策制度的先驱。[①] 推动日本《容器包装再生利用法》制度化的背景主要有以下四个方面。第一，社会对通过减少一般废弃物的排放量来延长市、町、村垃圾填埋场使用寿命的关心日益高涨。日本从 1960 年左右开始大力推动城市垃圾焚烧处理工作，虽然日本当时拥有世界上为数不多的垃圾焚烧设施，[②] 但到 20 世纪 90 年代为止，日本城市垃圾填埋场的容量不足仍造成了很大的社会问题。[③] 对于没有新垃圾填埋场建设计划或将塑料类垃圾作为"不可燃垃圾"进行直接填埋处理的市、町、村而言，解决垃圾填埋场容量不足问题变得越发紧迫。第二，一般废弃物中容器包装类废弃物的占比激增。《京都市家庭垃圾排放实际情况调查报告书（1982）》中指出，1981 年京都市收集并处理的家庭垃圾中，容器包装类废弃物的体积约占生活垃圾的 60.5%，[④] 容器包装类废弃物的增加降低了垃圾的回收效率。第三，受废弃物相关政策的影响。1991 年德国颁布了《包装废弃物回避政令》，此后的 1992 年法国制定了《家庭容器包装废弃物政令》等，欧洲以 EPR 为基础的废弃物政策的广泛实行也影响了日本废弃物政策的发展。第四，在 20 世纪 70 年代后期，日本各地空金属罐等循环资源回收实验的自发开展也是推动《容器包装再生利用法》制定的背景之一。1973 年石油危机以后，资源节约开始逐渐普及到市民的生活

① 浅木洋祐「容器包装リサイクル法における環境配慮設計-PET ボトルを中心に」，『北海道教育大学紀要（人文科学・社会科学編）』2017 年，第 68 巻第 1 号.

② 環境省：「日本の廃棄物処理・リサイクル技術-持続可能な社会に向けて-」，https://www.env.go.jp/recycle/circul/venous_industry/ja/brochure.pdf，2013-12.

③ 環境省「一般廃棄物の排出及び処理状況等（平成 29 年度）について」http://www.env.go.jp/recycle/waste_tech/ippan/h29/data/env_press.pdf，2019-3-26.

④ 京都市清掃局「京都市家庭ごみ排出実態調査報告書」，昭和 57 年（1982 年）3 月.

中，市民的节能意识也逐渐形成，这从京都市发生的"空金属罐论争"中足以窥见。早在法律正式制定之前，市民志愿者就已经开始发起自主回收被随意丢弃的空罐等活动，伴随市民环保意识的增强和实践活动范围的扩大，以空罐为主的资源废弃物的自主回收行动有效地推动了立法的进程。

2. 塑料瓶在《容器包装再生利用法》中的定位

《容器包装再生利用法》以家庭排放的容器包装类废弃物为对象，并将其分为"特定容器"和"特定包装"两大类。该法第 2 条之 2 中规定，特定容器是由"促进容器包装的分类回收及循环利用的法律实施细则"（以下简称"实施细则"）规定的容器，实施细则第 1 条将钢罐、铝罐、玻璃瓶、纸板箱、纸质饮料盒、纸制容器包装、PET（塑料）瓶、塑料容器包装、其他容器等 9 类确定为特定容器。此外，该法第 2 条之 3 规定了特定包装的概念，将其规定为特定容器以外的包装用品。因此，作为法律回收处理对象的特定容器和特定包装是指向消费者提供商品时所必需的容器或包装类物品。用于向消费者提供服务时所需的包装类物品（如包裹干洗后衣物的塑料袋）不在本法可适用范围内。①

另外，《容器包装再生利用法》中并没有规定生产者对特定容器和特定包装履行资源化处理的义务。在该法第 2 条之 7 及实施细则第 4 条中，把需执行资源化处理义务的容器包装类废弃物定义为"特定分类基准符合物"（《容器包装再生利用法》第 2 条之 6），也就是说，法律只对市场交易中容易发生逆有偿（Negative pricing）② 的玻璃瓶、纸制容器包装、PET（塑料）瓶、塑料容器包装这四类废弃物规定了容器的使用者与生产者、特定包装的使用者（以下简称"特定企业"）的资源化再生处理义务。此外，在实施细则第 3 条中明确了对

---

① 上野明、土居敬和「容器包装リサイクル法施行の現状」、『廃棄物学会誌』，1998 年，第 9 卷第 4 号.

② 这里的逆有偿是指在废弃物回收领域，物品的移动方向与处理费用的流动方向一致的情况。

钢罐、铝罐、纸板箱、纸质饮料盒（牛奶盒等纸盒）这四类可依靠市场进行自主回收的废弃物，可以免除生产者对其回收与资源化再生处理的义务。

由此可见，在《容器包装再生利用法》中，对于塑料瓶等在现有资源回收处理市场中容易发生逆有偿交易的四类资源废弃物，通过实施EPR制度将生产者责任延伸到包括产品使用后的回收处理在内的整个生命周期，即通过让特定企业承担逆有偿费用来履行塑料瓶等资源废弃物的回收处理职责，从而在源头上避免过度包装的产生，倒逼生产商对产品进行减量化及轻量化包装。

（二）中国塑料瓶回收处理的法律制度

1995年，中华人民共和国第八届全国人民代表大会常务委员会第十六次会议上通过的《中华人民共和国固体废物污染防治法》（以下简称《固废法》），首次对塑料垃圾的使用和处理进行了明确的规定。从内容上看，《固废法》对于塑料垃圾使用和处理提出了三个要求：一是国家明确依法禁止、限制生产、销售和使用不可降解塑料袋等一次性塑料制品；二是要求主管部门报告塑料袋等一次性塑料制品的使用、回收情况；三是国家鼓励和引导减少使用塑料袋等一次性塑料制品，推广应用可循环、易回收、可降解的替代产品。但在实践中，《固废法》中的有些规定并没得到有效落实，导致白色塑料污染问题日益严重。故而，2001年，国家经贸委发布了《关于立即停止生产一次性发泡塑料餐具的紧急通知》，要求所有生产企业（包括国内投资、外商投资和港、澳、台商投资企业）要自觉遵守国家法律法规和贯彻执行国家产业政策，立即停止生产一次性发泡塑料餐具。[①] 这也成为中国"限塑令"的开端。2007年，国家环保总局发布《废塑料回收与再生利用污染控制技术规范（试行）》，规定了废塑料产生、收集、运输、贮存、预处

---

① 《政策法规》，《适用技术市场》2001年第9期。

理、再生利用和处置等过程的污染控制和环境管理要求。这也是中国首次颁布有关废塑料的回收处理政策，为中国废旧塑料瓶的回收处理奠定了重要基础。

随着经济社会发展和人民生活水平不断提高，塑料包装制品需求量增长迅速，塑料消耗量不断上升，废塑料产生量迅速增长，使破解废塑料回收处理问题更加刻不容缓。2017年，工业和信息化部、商务部、科技部联合印发的《关于加快推进再生资源产业发展的指导意见》指出，"大力推进废塑料回收利用体系建设，支持不同品质废塑料的多元化、高值化利用"。① 2020年，国家发展改革委、生态环境部颁布的《关于进一步加强塑料污染治理的意见》提出，"结合实施垃圾分类，加大塑料废弃物等可回收物分类收集和处理力度，禁止随意堆放、倾倒造成塑料垃圾污染"。② 在此基础上，中央政府和地方政府还不断完善相关政策，强化科技支撑，严格执法监督，确保废塑料的有序回收处理。2021年，国家发展改革委、生态环境部印发的《关于印发"十四五"塑料污染治理行动方案的通知》更是明确提出，"到2025年，塑料污染治理机制运行要更加有效，塑料制品生产、流通、消费、回收利用、末端处置全链条治理成效更加显著"。为此，2022年，国家发展改革委等部门颁布的《关于加快废旧物资循环利用体系建设的指导意见》提出，"到2025年，废旧物资循环利用政策体系进一步完善，资源循环利用水平进一步提升。废旧物资回收网络体系基本建立，建成绿色分拣中心1000个以上"。③ 2020年，第十三届全国人大常委会第十七次会议审议通过了修订后的《中华人民共和国固体废物污染环境防治法》，其中进一步明确规定了对于各行业固体废弃物的处理规定，要求地方政

---

① 《关于加快推进再生资源产业发展的指导意见》，https://www.gov.cn/xinwen/2017-01-26/content_5163680.htm，2017-1-26。

② 《关于进一步加强塑料污染治理的意见》，https://www.gov.cn/zhengce/zhengceku/2020-01/20/content_5470895.htm，2020-1-16。

③ 《关于加快废旧物资循环利用体系建设的指导意见》，https://www.gov.cn/zhengce/zhengceku/2022-01/22/content_5669857.htm，2022-1-17。

府统筹规划，合理安排回收、分拣、打包网点，促进生活垃圾的回收利用工作。综上而言，中国废塑料回收处理的法规经历了从无到有的过程，这个过程是在不断探索中前进的。但值得注意的是，中国尚没有颁布塑料瓶回收处理的专门政策，在《固废法》中将塑料瓶作为废旧塑料进行处理，更多政策聚焦废塑料的回收处理，因而塑料瓶回收处理的相关政策有待进一步细化。

综上所述，从废弃塑料瓶回收处理的法规层面来看，日本把塑料瓶作为强制回收处理对象之一纳入《容器包装再生利用法》的适用范围，确立了专门的废弃塑料瓶回收处理体系，并遵循"受益者负担原则"，通过在法律体系中引入 EPR 制度规定了生产者（特定企业）需履行的资源化处理责任，刺激企业进行环保设计改革，从而减少天然资源的过度消费，降低由垃圾处理导致的环境负荷，促进资源的循环利用。我国虽逐步制定了有关废塑料回收处理的政策、法规，但尚未颁布明确的有关塑料瓶回收处理的专门政策，塑料瓶作为废弃塑料适用于固废法体系，未把废弃塑料瓶作为独立的分类回收对象与其他塑料类容器包装废品进行区分。因此，从塑料瓶回收处理相关法律制度的维度来看，我国有待进一步完善废塑料瓶的回收处理政策。

三　塑料瓶回收方式比较

前一部分主要分析作为可再生利用资源的废弃塑料瓶在相关资源回收再生利用法律体系中的定位。而本部分将通过中日废弃塑料瓶的回收途径及相关责任者的义务承担范围等方面展开对中日废弃塑料瓶回收方式维度的对比分析。

（一）日本塑料瓶的主要回收方式

日本塑料瓶的回收路径大致可以分为市、町、村回收与企业回收两大类。其中，市、町、村回收又可细分为：①指定法人回收方式（《容器包装再生利用法》第 14 条）；②独自处理方式（《容器包装再生利用法》第 15 条）；③自主回收方式（《容器包装再生利用法》第 18 条）。其中，指定法人是指日本容器包装再生利用协会，是由经济产业省、厚生省、农林水产省、财务省及环境省五个政府部门在 1996 年成立的专门基金会。指定法人协调统管容器包装的回收利用工作，给予容器回收一定的补贴，而日本多个市、町、村的容器回收工作则由指定法人管理。《容器包装再生利用法》严格规定了三种回收方式的具体实施方法及各责任者应当承担的责任或义务。

如图 1 所示，消费者，市、町、村，特定企业与资源再生利用企业是与废弃塑料瓶回收、处理直接相关的主体。《容器包装再生利用法》第 4 条规定，消费者有承担促进塑料瓶等容器包装类废弃物的分类收集及再生利用（再商品化）等的责任。《容器包装再生利用法》第 6 条规定，市、町、村应当努力采取必要措施促进区域内容器包装类废弃物的分类回收，并抑制其排放，促进对塑料瓶等"特定分类基准符合物"的循环再生利用。《容器包装再生利用法》第 11 条、第 12 条、第 13 条规定，特定企业必须将市、町、村回收的塑料瓶等特定分类基准符合物进行再生利用。然而，特定企业对资源再生利用义务的履行与市、町、村对塑料瓶等容器包装废品的分类收集、分拣保管的实施与否密切有关。具体而言，与对特定企业的再生利用进行的义务性规定相比，《容器包装再生利用法》对促进市、町、村容器包装类废弃物的分类收集等规定属于"助力"型，即非义务性规定。然而对于这样的规定，大冢直指出，为了让企业责任延伸到商品消费后的处理阶段，即督促企业履行资源再生利用的责任，市、町、村的分类回收实际上并非《容器包装再生利用法》中所言的非义务性措施，而是一个必然结果。①

---

① 大塚直「容器包装リサイクル法の改正の評価と課題」，『ジュリスト』，1995 年，第 1074 号．

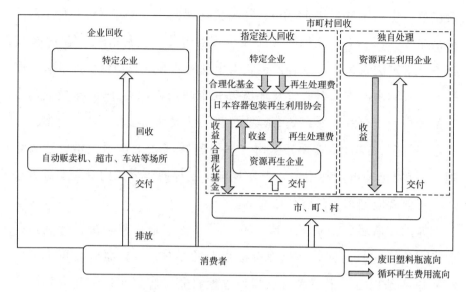

图 1　日本容器包装废弃物回收路径

资料来源：笔者自制。

　　另外，从塑料瓶具体的回收路径来看，市、町、村回收方式可以具体分为两种。其一，经由指定法人进行回收的指定法人回收方式，即特定企业委托日本容器包装再生利用协会对塑料瓶进行适当处理、再生利用，并通过向指定法人交纳再生处理费来履行再生利用义务。指定法人在资源再生企业和市、町、村之间协调工作，推动对市、町、村收集来的塑料瓶进行循环再生利用。此外，预先登记在册的资源再生企业参加指定法人主办的招标会，中标的资源再生企业可以直接从市、町、村处回收塑料瓶，并实际进行资源的循环再生处理。从资源处理费用的流向来看：（a）特定企业通过向指定法人支付委托费来履行资源再生利用的义务。委托费分为再生处理费和市、町、村合理化基金，前者根据预估排放量和委托费单价进行计算，支付给对塑料瓶进行回收处理和再资源化利用的资源再生企业，后者作为合理化基金纳入市、町、村。如果该年度实际发生的容器包装再生处理费低于预估的再生处理费，则特定企业将通过指定法人将两者差额的一半作为合理化基金（《容器包装再生利用法》第 10 条之 2）交付给市、町、村。此外，从市、町、村处回收上来的废弃塑料瓶在资源市场中产生的收益也由资源再生企业经由指定法人支付给市、町、村。确定好收益和合理化基金的总金额后，每年9月上旬，指定法人要根据各市、町、村的回收情况进行考察，分配具体的金额给各市、町、村。考察的标准有两个，一个是容器包装的品质，另一个是容器包装的数量。品质即回收的容器包装的干净程度，数量即回收的容器包装的减量程度，两者各占一半，容器包装品质高、减量效果好的市、町、村获得的金额就高，相反就会比较低。这也有利于提高分类品质，更好地实现垃圾减量。①

其二，属于市、町、村回收方式中的独自回收方式，指不通过指定法人进行容器包装废品回收的路径。市、町、村与资源再生企业直接签订协议，资源再生企业直接与市、町、村对接进行塑料瓶的资源回收与再生处理事务。

此外，不通过市、町、村回收而由企业直接进行自主回收的方式，则是指容器包装的使用者（企业）直接从消费处对容器包装废品进行自主回收、分拣、再利用及再生利用的方式。

综上所述，在指定法人回收方式和独自处理方式中，市、町、村负责塑料瓶的分类回收与分拣保管等资源循环产业链前端的回收搬运，同时承担了在此过程中产生的费用。而特定企业只需通过支付资源循环产业链末端的再生利用处理费来履行塑料瓶再生利用的义务，也就是说，EPR制度是通过向特定企业征收一部分资源再生处理费用而实施的。

（二）中国塑料瓶的主要回收方式

当前，中国每年消耗的塑料瓶数量高达2000亿个，为了应对塑料瓶垃圾问题，中国政府积极推进塑料瓶的回收工作，逐渐走出了一条基于中国国情的塑料瓶回收路径。中国自古便有废物再利用的传统，使许

---

① 鞠阿莲：《日本容器包装废弃物管理制度及其启示》，《再生资源与循环经济》2022年第4期。

多中国居民将生活中实在不需要而又可以再利用的废品主动变卖给废旧物品回收站。① 塑料瓶作为可回收再利用废品的重要组成部分，亦被许多中国居民以传统废品回收的方式变卖给废品回收商或废品回收站，从而形成富有中国传统特色的塑料瓶回收模式。而且，随着中国城市生活垃圾分类回收工作的稳步推进，中国政府和民间社会积极探讨再利用废品回收的新模式，尤其是中国互联网经济的快速发展，"互联网+"回收模式逐渐成为中国塑料瓶回收的新探索。

1. 传统废品回收模式，守住回收"生命线"

在中国，传统的废品回收模式一直以来都是塑料瓶回收的重要渠道。该模式主要由普通居民、保洁员、废品回收商、城市拾荒者等组成，他们散布在城市的各个角落，在市场经济的驱动下，他们能够集中收集和处理垃圾中的塑料瓶，共同守住了塑料瓶回收的"生命线"。② 首先，很多城市社区居民保留着收集塑料废品卖钱的传统，他们会在日常生活中将废塑料瓶等废品收集并变卖。在这一过程中，接近 1/5 的塑料瓶不会流入垃圾中，而是能够直接进行初步回收。变卖废弃塑料瓶的收入虽不能满足日常开支，但能够以家庭为单位为环保事业贡献力量，不仅有利于实现当代人的社会价值，而且对家庭中的后辈也能产生潜移默化的影响。其次，社区保洁员利用工作之便，将垃圾中的废弃塑料瓶进行分拣、变卖，以此来增加个人收入。因此，社区垃圾中较为值钱的废弃塑料瓶都会被保洁员收集变卖至废品回收站。同时，社区一般也会鼓励社区保洁员对垃圾中的废弃塑料瓶进行二次分拣，因为这一行为有利于资源的回收再利用。再次，对于我国的有些城市拾荒者来说，各种原因导致他们生活艰难，他们会搜集各种可以进行变卖的废品进行出售，这对于塑料瓶的回收处理来说也起到了一定促进作用。当然也有不少环保意识强

---

① 陈阿江：《农村垃圾处置：传统生态要义与现代技术相结合》，《中国社会科学报》2012 年 1 月 30 日，第 B03 版。

② 陈阿江、吴金芳：《城市生活垃圾处置的困境与出路》，北京：中国社会科学出版社，2016 年，第 13 页。

的居民自愿加入这场"塑料大战"，主动成为城市的拾荒者，守护城市的整洁。① 周燕芳、熊惠波等学者通过对北京市垃圾拾荒者的调查研究发现，拾荒者不仅拾捡了大量可回收利用的资源，促进了资源的回收和再生利用，也创造了巨大的效益，超过 30% 的垃圾是依靠拾荒者而被回收处理的。② 最后，废品回收个体商贩的存在无疑给塑料瓶的回收提供了一定的便利。他们大多数是由生活条件相对较差但具有劳动能力的中老年男性组成，一辆具有运输能力的车、一杆秤、一个喇叭组成了个体商贩的全部。他们主要与上文提到的城市居民及城市拾荒者进行交易。在回收的过程中，由于各种废品的回收价格不同，商贩们会将它们进行初步分类，这个过程使废弃塑料瓶被很好地区分出来，便于后续的分类处理工作。

2. "互联网+"回收模式，按下回收"快进键"

随着现代科技的快速发展，"互联网+"的废品回收模式也逐渐进入人们的视野。"互联网+"是一种全新的经济形态，它主要是通过互联网与传统行业的深度融合，形成一种超越传统的新经济形态。"互联网+废品回收"是传统的废品行业借助互联网，将线下的传统收购模式转移到线上，通过手机预约、上门收购的模式完成整个废品收购流程。③ 借助"互联网+"的平台，中国塑料瓶回收行业也如同被按下了"快进键"般迅速发展着。相较于传统塑料瓶回收模式，"互联网+"回收模式使塑料瓶的回收更具有高效化和流程化的特点。所谓的高效化是指用户通过手机 App 或者微信小程序，事先在手机上预约下单，然后等塑料瓶收购员上门收购，这样一方面节约了目标客户的时间，另一方面节约了废品收购员的时间，因为整个过程中双方的目标都是明确的，这样就加快了进度，节约了时间，提高了效率。另

---

① 陈阿江、吴金芳：《城市生活垃圾处置的困境与出路》，北京：中国社会科学出版社，2016年，第 15 页。

② 周燕芳、熊惠波：《北京市垃圾拾荒者的资源贡献及其经济价值估测》，《生态经济》2010年第 6 期。

③ 周宏春：《"互联网+"废品回收：催生新业态》，《中国资源综合利用》2016 年第 2 期。

外，"互联网+废品回收"通过手机 App 预约下单，整个流程都是通过手机将双方连通的，手机里的数据实时记录着整个过程，对于废弃塑料瓶的种类，以及是否符合二次利用的标准，都会在第一现场进行明确的划分，从而计算数据。这种回收模式虽然对于回收员的素质要求较高，但也为后续的塑料瓶分拣工作提供了极大的便利。但因为很多城市"互联网+"回收模式主要依托垃圾分类体系，又由于很多城市垃圾分类体系尚未健全，所以"互联网+"回收模式尚处于探索过程中。[①]

从上述对塑料瓶回收方式的对比分析来看，日本以规定特定企业履行承担塑料瓶再生利用处理义务为前提，通过市、町、村回收及企业回收两种方式，对塑料瓶在排放源头进行了分类收集，并在循环链末端由相关资源再生企业进行资源循环处理。我国塑料瓶的回收以社区居民、拾荒者、个体商贩等主体构成的传统废品回收方式为主，近年来伴随着现代化的快速发展，"互联网+"的回收方式作为创新型回收模式开始逐渐崭露头角。但"互联网+"回收模式的转变并非一蹴而就的，因为很多城市居民、城市拾荒者及城市个体商贩等群体尚未完全接受并应用"互联网+"回收模式，所以当前中国塑料瓶的回收仍以传统废品回收模式为主。但总体来说，我国传统废品回收模式与"互联网+"的新型回收模式的结合，能够充分发动废弃塑料瓶源头收集的民间群体的力量。可以说，日本塑料瓶回收方式与涉及的相关行为主体较为固定，与中国塑料瓶回收方式相比灵活性不高。

四　塑料瓶再生利用效果比较

如前文所述，中日两国在塑料瓶的回收处理法律体系、回收方式等

---

① 郗永勤、张大涛：《再生资源"互联网+回收"模式的构建》，《科技管理研究》2018 年第 23 期。

维度存在较大的不同。而这些不同在实践中会带来怎样的再生利用成效是值得探讨及明确的问题。因此，本章将对中日两国废弃塑料瓶所取得的再生利用效果展开具体的对比分析。

（一）日本废塑料瓶的资源再生利用

1. 废塑料瓶再生利用的技术革新

首先，日本近年来在塑料瓶再生利用的技术方面有了突破，也就是"从塑料瓶到塑料瓶"（以下简称"PET to PET"）的回收再利用模式逐渐得到推广。2022 年通过"PET to PET"方式再生利用的塑料瓶总量占同年塑料瓶消费总量的 29%。[①]

"PET to PET"被称为水平再利用回收处理模式，主要由两种方法构成。第一种称为化学再循环法（化学还原法），即将回收而来的废弃塑料瓶分解为 PET 树脂的原料或中间原料后，再重新聚合为 PET 树脂的方法。第二种是近些年较普遍使用的机械再循环法（物理再生法），此法是将 PET 树脂粉碎后，再用高压热水进行清洗的方法。此方法是在满足欧美卫生标准的前提下更省力、更能有效削减成本的再生方法。

在日本，推动"PET to PET"再利用方式不断发展的主要原因有三个。第一，消费者对分类排放的理解与配合。1997 年《容器包装再生利用法》实施以后，地方政府经过长时间的市民教育与市民宣传，确立了"清除异物、去除瓶盖与标签、粗略清洗"这一针对废塑料瓶的固定排放模式，市民排放干净塑料瓶的习惯提高了末端循环资源的品质。第二，饮料企业的自主创新。饮料企业通过设计创新将作为饮料容器的塑料瓶进行了透明化设计，虽然很多日用品等为刺激消费而使用有色的塑料瓶，但到 2022 年为止饮料用透明塑料瓶还是占到塑料瓶总

---

① PETボトルリサイクル推進協議会「PETボトルリサイクル年次報告書 2023」，https://www.petbottle-rec.gr.jp/nenji/new.pdf，2023–11.

量的86%以上。① 第三，除去标签和瓶盖，现在流通于市场的塑料瓶多由 PET 树脂这一单一材料制作而成，单一的成分更有助于准确地进行分类回收，从而提高了资源再利用效率。

2. 废塑料瓶稳定持续地回收再利用率

在实施《容器包装再生利用法》规制塑料瓶的回收与再利用及发展废塑料瓶再生利用技术的双重影响下，2012 年以后日本塑料瓶的最终再生利用率稳定维持在塑料瓶整体销售量的80%以上。②

如图 2 所示，2022 年塑料瓶的整体销售量为 58.3 万吨，再生利用率达到塑料瓶制品总销售量的 86.8%。此外，在废塑料瓶再生利用率提高的同时，《容器包装再生利用法》对特定企业资源化处理的义务性规定促使企业实现了塑料瓶等容器包装的简易化与轻量化，对容器包装废弃物的总体减量起到了一定的效果，进而为降低一般废弃物的最终处理量，为延长垃圾最终填埋场地的使用寿命做出了贡献。

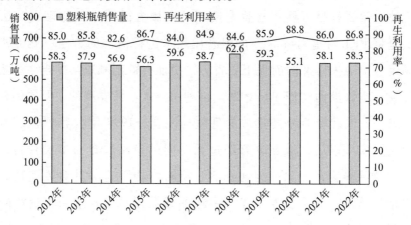

图 2　废塑料瓶再生利用率

资料来源：PETボトルリサイクル推進協議会：「PETボトルリサイクル年次報告書 2023」，https://www.petbottle-rec.gr.jp/nenji/new.pdf，2023-11。

---

① PETボトルリサイクル推進協議会「ボトル用樹脂需要動向」，https://www.petbottle-rec.gr.jp/data/demand_trend.html，2023-4.
② PETボトルリサイクル推進協議会「PETボトルリサイクル年次報告書 2023」，https://www.petbottle-rec.gr.jp/nenji/new.pdf，2023-11.

如图 3 所示，《容器包装再生利用法》的实施使一般废弃物的最终处理量持续减少，一般废弃物最终填埋场地的使用寿命也从 1995年的 8.5 年延长到 2021 年的 23.5 年。然而，伴随着废塑料瓶再生利用率的提高，近年来塑料市场的竞争激烈，[①] 塑料瓶的有偿回收持续发酵。

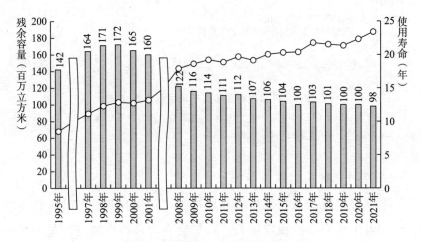

图 3　垃圾填埋场使用寿命的推移

资料来源：公益财团法人日本容器包装リサイクル協会：「容り法の成果と課題」，https：//www. jcpra. or. jp/law_ data/result/tabid/565/index. php，2023-4-13。

图 4 为日本历年废弃塑料瓶平均中标价格的变化情况。从图 4 中可以看出，废弃塑料瓶平均中标价格从 2007 年开始发展为负数，这意味着塑料瓶的回收从以往需向资源再生企业支付再生利用费用转变为市场原理下的有价资源回收。因此，伴随着近年来废弃塑料瓶回收市场的有价收购常态化，日本开始讨论免除对塑料瓶生产、使用企业的循环再生利用的义务性规定。[②]

---

① 栗田郁真「拡大生産者責任政策によるリサイクル市場の創出とその特徴」植田和弘・山川肇（編）『拡大生産者責任の環境経済学—循環型社会に向けて』京都：昭和堂，2010 年.

② 日本農林水産省「食品容器包装のリサイクルに関する懇談会第 3 回」，https：//www. maff. go. jp/j/study/shokuhin-youki/，2014-2-14.

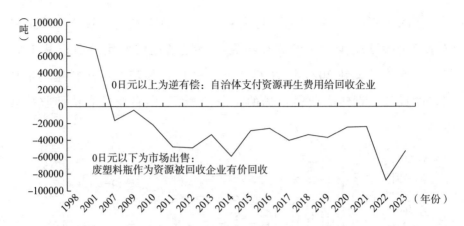

图 4　日本塑料瓶年度平均中标价格变化

资料来源：日本容器包装リサイクル協会「落札単価の経年推移」，https://www.jc-pra.or.jp/recycle/related_ data/tabid/869/index.php，2023。

3. 废塑料瓶的高回收成本

日本废塑料瓶的再生利用虽然取得了"PET to PET"处理技术的实现、较高再生利用率的稳定维系、一般废弃物最终填埋处理量的减少等一系列效果，然而随之而来的资源回收循环产业链前端的高回收成本问题也逐渐显现了出来。

2016 年日本环境省实施了以全国市、町、村为对象的容器包装废弃物的分类收集、分拣、保管相关的费用调查，其报告中公布了对向特定企业征收再生利用费用的玻璃瓶、塑料瓶、塑料类容器包装、纸制容器包装等资源废品的市、町、村回收成本等数据（见表 1）。数据显示，日本全国市、町、村用于容器包装类废弃物再生利用的年支出高达 2200 亿日元，[1] 与此相比，同年特定企业向指定法人支付的资源再生利用委托费总计 364 亿日元，[2] 仅为市、町、村支出的 1/6

① 環境省「容器包装廃棄物の分別収集・選別保管に係る費用に関する調査」https://www.e-stat.go.jp/stat-search/files? page=1&layout=datalist&toukei=00650407&tstat=000001099815&cycle=0&tclass1val=0.

② 日本容器包装リサイクル協会「特定企業再生利用委托費（再資源化委託料金）」，https://www.jcpra.or.jp/specified/specified_data/tabid/150/index.php，2023.

左右。

市、町、村与特定企业所负担的包括塑料瓶在内的容器包装类废品在资源回收与再生利用方面的费用包括：作为市、町、村财政支出的容器包装废弃物的收集、筛选、保管费用，作为市、町、村财政收入的合理化基金及资源回收收益，特定企业负担的再生利用委托费用，等等（具体见表1）。对于企业需要履行再生利用义务的玻璃瓶、塑料瓶、塑料类容器包装、纸制容器包装中的任意一种，市、町、村的费用负担都高于特定企业的实际负担。特别是在塑料瓶的回收处理中，市、町、村与企业的负担金额差异最大，市、町、村对每吨塑料瓶的分类回收、再生利用的负担份额占整体的98%，而特定企业的负担份额只有整体的2%。由此可以看出，随着法律制度的建立，塑料瓶的回收品质有了大幅度提升，这使得塑料回收市场中对塑料瓶的市场需求逐渐增大，塑料瓶有价回收市场得以稳固发展。然而稳定的资源回收市场并没有减轻市、町、村的财政负担，相反塑料瓶的回收处理成为四类法律规定企业回收责任义务的资源废品中公共财政支出最多的一类。

表1 2016年市、町、村与企业循环资源回收处理费用对比

	市、町、村负担费用（百万日元） (A) ①	资源再生企业循环资源回收量(吨) (B) ②	再生利用义务量(吨) (C) ③	平均中标价（百万日元/吨） (D) ③	特定企业再生利用委托费（百万日元） (E) ③	合理化基金（百万日元） (F) ③	资源回收收益（百万日元） (G) ③	市、町、村负担费用（百万日元/吨） (A-F-G)／B	企业负担费用（百万日元/吨） (E+F)／C	市、町、村与特定企业负担比例（%）
玻璃瓶	47067	719663	465200	0.000603	2403	0	0.11	0.0654	0.0052	93，7
塑料瓶	35359	285335	306000	-0.002565	629	61	4540	0.1078	0.0023	98，2
纸制容器包装	4204	73230	35640	-0.000871	372	3	200	0.0546	0.0105	84，16

续表

	市、町村、负担费用（百万日元）	资源再生企业循环资源回收量（吨）	再生利用义务量（吨）	平均中标价（百万日元/吨）	特定企业再生利用委托费（百万日元）	合理化基金（百万日元）	资源回收收益（百万日元）	市、町、村负担费用（百万日元/吨）	企业负担费用（百万日元/吨）	市、町、村与特定企业负担比例
	(A) ①	(B) ②	(C) ③	(D) ③	(E) ③	(F) ③	(G) ③	(A-F-G) /B	(E+F) /C	
塑料类容器包装	63433	690185	762300	0.004606	32954	2438	0	0.0884	0.0464	66，34

注：负数为按市场价格出售。

资料来源：環境省：「容器包装廃棄物の分別収集・選別保管に係る費用に関する調査」https：//www. e-stat. go. jp/stat-search/files？ page = 1&layout = datalist&toukei = 00650407&tstat = 000001099815&cycle = 0&tclass1val = 0。環境省：「平成 28 年度容器包装リサイクル法に基づく市町村の分別収集等の実績について」，https：//www. env. go. jp/press/files/jp/108892. pdf, 2018-3-9. 日本容器包装リサイクル協会："再生利用義務量（再商品化義務総量）"，"平均中標価（平均落札額）""特定企業再生利用委託費（再資源化委託料金）"，"合理化基金（合理化拠出金）"，"資源回収収益（有償拠出金）"，https：//www. jcpra. or. jp/tabid/1153/index. php# Tab1153，2023。

  针对这一点，大量的先行研究也曾指出，市、町、村在塑料瓶等容器包装类废弃物的回收及分拣保管中的财政支出远远高于生产者所负担的循环处理费用。[1] 因此，《容器包装再生利用法》经历了 2006 年、2016 年的两次修订，在修订过程中，调整市、町、村和特定生产者责任分担的比重成为讨论的重点之一。具体来说，2006 年的第 1 次修订主要围绕抑制排放及推进再使用、分类收集和分类保管的方式、再生利

---

[1] 西ケ谷信雄「容器包装廃棄物リサイクルへの自治体の取り組み」，『廃棄物学会誌』，1998 年，第 9 巻第 4 号、熊本一規：「家電リサイクル法、容器包装リサイクル法の問題点とリサイクル法制度の課題」，『廃棄物学会誌』，2001 年，第 12 巻第 5 号．西谷隆司「容器包装リサイクル法の現状と課題-3Rと拡大生産者責任の徹底を-」，『廃棄物学会，C & G』2003 年，第 7 号．庄司元「市町村から見た容器包装リサイクル法の課題」，『産業と環境』2004 年 1 月号．古川恒「見直し期を迎えた容器包装リサイクル法」，『物流問題研究』，2006 年 47 号．中井八千代「消費者から見た容器包装プラスチックのリサイクル」，『廃棄物資源循環学会誌』2010 年，第 21 巻第 5 号．

用方法的改进等方面进行了讨论。① 其中，针对讨论度最高的分类回收、分拣保管方式提出了相应的改善对策，即在 2006 年修订的《容器包装再生利用法》中创立了作为"市、町、村费用补给"制度的"合理化基金"。此制度通过企业对进行高效率回收的市、町、村进行一定程度的费用补助，从而减轻市、町、村在分类回收中产生的财政负担。由此可见，"合理化基金"旨在通过向企业转移一部分财政负担来解决企业与市、町、村之间财政负担差距过大的问题。2016 年第 2 次修订的主要论点围绕促进减量、促进再利用、推进分类回收和分拣保管、促进分类排放、促进再生利用等方面展开。② 两次修订中都涉及分类回收和分拣保管的费用问题，这表明市、町、村在分类回收和分拣保管方面的高额费用支出是一个不容忽视的问题。从减轻财政负担的观点出发，市、町、村呼吁企业承担一部分分类回收和分拣保管的责任与费用。对此，企业表示在严峻的市场竞争下很难实现回收成本内部化，且各市、町、村的回收成本差距较大，因此提出提高市、町、村费用支出的透明性，引入一般废弃物会计标准等主张。③ 两次修订并未改变市、町、村和企业的责任分担状况且此情况一直延续至今。

（二）中国塑料瓶的资源再生利用

如第三部分所述，在中国，不管以何种方式回收到的塑料瓶，最终

---

① 中央環境審議会廃棄物・リサイクル部会（第 33 回）産業構造審議会環境部会　廃棄物・リサイクル小委員会容器包装リサイクル WG（第 22 回）合同会合（第 8 回）議事要旨・資料「資料 3 容器包装リサイクル制度見直しに係るこれまでの議論の整理（中央環境審議会廃棄物・リサイクル部会容器包装リサイクル制度に関する拡大審議）」http://www. env. go. jp/council/former2013/03haiki/y030-33. html，2005-5-30.

② 石川雅紀「容器包装リサイクル法の背景、成果と今後の展望」，『日本 LCA 学会誌』2016 年，第 12 巻第 4 号．浅木洋祐「容器包装リサイクル法における環境配慮設計-PET ボトルを中心に」『北海道教育大学紀要（人文科学・社会科学編）』2017 年，第 68 巻第 1 号．

③ 産業構造審議会産業技術環境分科会廃棄物・リサイクル小委員会、容器包装リサイクルワーキンググループ、中央環境審議会循環型社会部会容器包装の 3R 推進に関する小委員会合同会合「容器包装リサイクル制度の施行状況の評価・検討に関する報告書」，https://www. env. go. jp/council/03recycle/y034-18/900419414. pdf，2016-5.

都会经过大型废品回收站被统一运往专门的塑料处理厂进行回收处理。在专门的塑料处理厂，工作人员会根据不同材质对塑料瓶进行分拣并进行瓶盖分离，常见的塑料瓶材质主要有PET、HDPE（高密度聚乙烯）、PVC（聚氯乙烯）、PP（聚丙烯）等。矿泉水瓶、碳酸饮料瓶等一般都是由PET材料制作而成，这种材质通常被回收成手提袋、家具、地毯、镶板、纤维和极地羊毛。HDPE和PP塑料都是比较常见的回收塑料，也被认为是低危害塑料。这类塑料回收以后通常用于制造牛奶罐、洗涤剂瓶和油瓶、儿童玩具和一些塑料袋的硬塑料。PVC在燃烧时容易产生二噁英，二噁英是已知的人类致癌物和持久性有机污染物。因此，被回收的PVC塑料瓶主要重新加工用于再生产油品、石蜡、建筑材料等。相关数据显示，中国塑料瓶回收率已超过了95%，尤其是中国PET饮料瓶回收率超94%，已一定程度上领先世界发达国家。[①]

事实上，中国塑料瓶的高回收率主要得益于传统回收模式的存在，中国塑料瓶依托市场驱动便能实现较高的回收率。而且随着中国塑料回收业与"互联网+"的密切结合，中国塑料回收行业飞速发展，2022年，中国废塑料回收利用产值同比2020年增长33%，高达1050亿元。[②]故而，从经济效益来看，回收的塑料瓶作为原料被再次加工，从而减少了原料的进口，极大地降低了制作成本。同时，塑料废品的回收降低了塑料废弃物的占地面积，使得土地能够发挥它应有的价值。再从社会效益来看，以家庭为单位的塑料瓶回收有利于养成人们良好的回收习惯，使环保理念更加深入人心。中国塑料瓶的回收处理正以欣欣向荣的势头向前发展，特别是垃圾分类的理念在城市及农村的全面普及，更加推动了塑料瓶的回收利用。

但总体而言，仍有许多问题有待进一步解决。一是塑料瓶回收仍以

---

① 徐卫星：《〈我国PET饮料包装回收利用情况研究报告〉发布，我国PET饮料瓶回收率超94%》，《饮料工业》2020年第5期。

② 《废塑料行业发展前景如何？差异竞争，再生塑料国产替代空间广阔》，https://baijiahao.baidu.com/s? id=1746356326577743380&wfr=spider&for=pc，2022-10-11。

传统模式为主，现代塑料瓶回收体系有待健全。尽管中国塑料瓶回收模式正由传统模式逐步过渡到依托垃圾分类的"互联网+"模式，但实践中传统回收模式仍占绝对主导地位，不仅导致现代塑料瓶回收可能流于形式，还导致塑料瓶回收方式较为粗放，难以在源头回收过程中进行必要分类。二是塑料瓶末端处理技术有限，塑料瓶再利用水平有待提升。由于中国塑料瓶源头主要依赖传统回收模式，末端处理厂在进行塑料瓶处置之前，需要对塑料瓶进行必要的分类，以及对塑料瓶进行必要的清洁和清洗，这就在一定程度上提高了对末端处理厂的技术要求，也相应地增加了末端处理厂的不确定性风险。所以在中国塑料瓶回收处理实践中，因塑料瓶处理技术水平有限，塑料瓶回收存在一定程度的浪费问题。

综上所述，从对废弃塑料瓶再生利用现状的分析维度来看，日本从 2012 年起废塑料瓶的回收再生利用率就可以维持在整体销售量的80%以上。日本回收来的废塑料瓶能保持较高再生利用率的原因，是较完善的法律制度的实施促使市、町、村呼吁市民排放干净的塑料瓶，并推动塑料瓶在资源回收循环产业链的前端进行较彻底的源头分类。此外，EPR 制度的引入则促进了日本特定企业对塑料瓶包装进行简易及轻量化设计，这些措施都直接提高了企业的末端资源循环再生利用率，有效地减少了能源消耗，进而直接推动了塑料资源回收循环处理体系的发展进程。另外，我国目前废塑料瓶的回收率虽已达到95%以上，[①] 但由于分类方式仍然较粗放，没有专门的法律法规引导资源循环体系前端推行规范彻底的分类，且塑料废品中杂物混入等情况导致可再生利用的塑料瓶等的品质与再生利用率较低，限制了市场对可再生利用的塑料瓶等的需求。再加上塑料瓶回收行业自动化水平低等因素最终导致塑料瓶末端再生利用不充分，存在一定程度的资源浪

---

① 《塑料循环经济之痛：塑料瓶回收率超 95%，大量塑料颗粒却依赖进口》，https://baijia-hao. baidu. com/s？id=1774200523076465509&wfr=spider&for=pc，2023-8-14。

费。日本虽然通过立法等措施提高了废塑料瓶的再生利用率，但与中国主要依靠市场原理推动废塑料瓶的回收与资源化处理的特征相比，日本依托地方政府高额的财政支出来支撑废塑料瓶的前端分类回收，而远高于企业再生处理费用的分类回收成本给地方政府带来了较大的财政负担。

五 结论与讨论

塑料瓶的回收处理作为碳中和背景下实现可持续发展的一个重要减塑方式，通过较完善的政策引导有关单位逐步提升废弃塑料瓶的再生处理效率是非常必要的。因此，本文分别围绕法律制度、回收方式与责任与费用负担、再生利用效果等方面对中日塑料瓶的回收处理现状进行了对比分析。分析结果显示，日本废弃塑料瓶的回收处理主要依托于法律规定的制度框架，通过市、町、村回收和企业自主回收两种方式进行，回收主体较为固定，灵活程度较欠缺。此外，市、町、村所承担的用于塑料瓶回收及分拣等资源循环产业链前端的费用较多，远多于企业所承担的资源化处理费用。与此相比，我国对塑料瓶的回收虽然并不具有强制性，但为了应对塑料垃圾问题，我国政府积极推进塑料瓶等塑料垃圾的回收处理工作，在沿用传统回收方式的同时逐渐走出了一条基于中国国情的塑料瓶回收处理路径。中日两国的对比详见表 2。

表 2　中日塑料瓶的回收处理现状对比

	中国	日本
法律制度	《固废法》，没有强制性	《容器包装再生利用法》，有强制性
回收方式	传统废品回收为主，互联网回收为辅	市、町、村回收，企业自主回收
再生利用效果	回收率虽达到 95% 以上，但末端资源化处理过程存在一定程度的资源浪费	废塑料瓶的回收再生利用率达到塑料瓶整体销售量的 80% 以上

续表

	中国	日本
责任与费用负担	政府引导，市场驱动，社会参与	特定企业承担资源再生处理费用，但市、町、村前端资源化处理（回收、分拣、保管）成本高

资料来源：笔者制。

由此可见，建设一个高效的资源回收处理体系需要完善规范的法律制度制约，社会各行为主体有明确的责任与义务分担，并在政府的政策调控下充分发挥市场的驱动效力，在产品生产到资源化处理的全生命周期形成一个稳定的闭环。这样的体系建设也能够有效地推动循环经济在我国的贯彻实施。

具体就塑料瓶的回收处理而言，第一，政府发挥政策引领作用，通过制定有关废弃塑料瓶回收处理的专门制度，推动 EPR 制度在法律中的应用，这样既可以保证为塑料瓶回收处理提供稳定的资金支持，还可以促进企业加速技术革新，研发环保减塑材质，从而提升末端的资源循环再生利用率，找到解决塑料问题的方案。第二，政府可以帮助企业分担一部分前期的分类回收成本，加大力度帮助企业进行技术研发，同时以推行垃圾分类作为切入点，使塑料瓶的回收处理效果能够切实有效地推动"双碳"政策的落地实施。第三，政府可以协助企业，联合社区通过互联网等媒体面向市民宣传有关塑料回收处理与环境保护相关的科普教育知识，逐步增强市民的环保意识，推动市民养成资源垃圾分类的良好习惯，最终达到从源头上进行垃圾分类的效果，进而使相关企业的资源回收更加便利、高效。由此，通过政府、企业、社区的三方联动最终形成一个可持续的回收处理体系，进而推动我国向塑料循环经济转型的进程。

"变宝为废"：可降解塑料政策
实践中的问题及成因分析[*]

——以 N 市可降解塑料袋处置为例

陈瑜婕　成松燕　张鑫平[**]

摘　要：在可降解塑料制品替代传统塑料制品被广泛应用的社会背景下，其环保效应是否达到了政策预期，现实逻辑是怎样的?本文基于 N 市案例考察可降解塑料地方政策实践中的问题及其成因。文章以 N 市超市提供可降解塑料袋的行动逻辑为起点，追踪居民的使用，垃圾投放、清运，以及垃圾处理厂的最终处置，在可降解塑料袋的生命周期中，描述政策推行过程中可降解塑料制品的实际状况。研究发现，N 市城市生活场景下废弃可降解塑料制品难以得到专门分类及适配性处理，政策预期的环保目标难以实现。究其原因，一是当地政策环境发生变化，但地方政府没有"因时制宜"地对政策内容做出调整。另一重要原因是当地尚未建立起与可降解塑料降解相匹配的垃圾收集、处置系统。包括可降解塑料技术在内，技术先进性应以其社会适用性为前提，如果缺少了适宜的社会基础，其推广应用则可能形成"变宝为废"的结果。

关键词：可降解塑料　塑料垃圾　限塑令　环境治理

---

[*] 本文研究缘起于陈阿江教授在"环境社会学"课程中提出的设想，观点受到陈阿江教授《环境治理：科技的应用及其社会学反思》（载《中国社会科学报》2024 年 2 月 19 日，第 7 版）的启发。写作过程中陈阿江教授、罗亚娟副教授及施旖旎副教授给予了帮助与指导。在此深表谢意！

[**] 陈瑜婕，河海大学社会学系硕士研究生，研究方向为环境社会学等；成松燕，河海大学社会学系本科生，研究方向为环境社会学等；张鑫平，河海大学社会学系本科生，研究方向为环境社会学等。

一　引言

从购物时的塑料袋到手术台上的一次性塑料工具，塑料制品已经成为人们生活中不可或缺的必需品，在给我们带来便利的同时，也带来了许多难以想象的危害，如动物身体内无法消化的塑料袋、北大西洋深海里存在的塑料碎片。触目惊心的"白色污染"已使人们无法再忽视它们的存在，治理塑料污染刻不容缓。回收利用是塑料处理的一个重要途径，但总体来说当前各国塑料制品可回收率普遍偏低，难以有效应对塑料污染问题。相关数据显示，2021 年，我国废塑料的材料化回收量约为 1900 万吨，回收率为 31%，同期美国、欧盟和日本的本土废塑料的材料化回收率分别只有 5.31%、17.18%和 12.50%。① 理想的情况下，使用在环境中可以得到充分降解且不对环境造成危害的可降解塑料，替代传统塑料，可以成为应对塑料污染问题的另一重要途径，有利于减轻持续增长的塑料废弃物对环境造成的压力。

近年来，中国走进了"限塑""禁塑"时代，可降解塑料逐渐走向人们日常生活的方方面面。民众的环保意识也在不断增强，一部分民众主动选择购买、使用可降解塑料产品。同不可降解塑料相比，可降解塑料更有益于环境已经成为社会的共识。但在具体的实践中，可降解塑料的应用是否真正实现了政策设想的环保目标，发挥了它的最佳效能，仍存疑问。已有研究表明，可降解塑料如果在不适宜的时空场景下大规模推广应用，极有可能与环保的初衷背道而驰，同时增加巨大的社会成本。②

---

① Van Cauwenberghe L., Vanreusel A., Mees J., et al., "Microplastic Pollution in Deep-sea Sediments," *Environmental Pollution*, Vol. 182, 2013, pp. 495-499. 环资司：《中国废塑料回收利用量居世界第一意味着什么——访中国物资再生协会再生塑料分会秘书长王永刚》，https://www.ndrc.gov.cn/xwdt/ztzl/slwrzlzxd/202206/t20220625_1328705.html，最后访问日期：2024 年 5 月 15 日。

② 胡宇鹏、温宗国：《可降解塑料真的被降解了吗？》，《环球》2022 年第 8 期。

目前，学界对可降解塑料的关注较少，主要聚焦传统塑料污染议题，多数从影响与危害①、治理思路②，以及污染测量、监管③等自然科学角度出发。社会科学之中，法学领域的研究居多，集中阐述了相关立法④等问题。社会学者则更为关注农村生活垃圾分类⑤、城市生活垃圾分类⑥、回收⑦、垃圾处理技术争议⑧等方面。已有研究存在以下明显不足：一是鲜有社会科学学者涉足这一领域，对可降解塑料的关注不多，且多囊括于生活垃圾议题之中，专门性研究有所欠缺；二是对可降解塑料环保效果的分析大多从理论角度探讨，缺乏对实践层面的考察。实际上，可降解塑料作为部分传统塑料的替代品，越来越多地进入人们的生活场景，成为生活垃圾的一部分，甚至是塑料污染的一部分，对其在生活实践中应用的社会基础以及社会情境的探究亟待开展。因此，本研究关注可降解塑料袋作为政策推广的传统塑料替代品，能否切实发挥其降解优势，以达到减少塑料污染的目标。本文借助案例分析、非参与式观察和循物⑨（follow the things）等研究方法，对 N 市城市生活场景下可降解塑料袋从超市销售的起点到末端垃圾厂处理的全过程进行观察。

---

① 仇付国、童诗雨、王肖倩：《水环境中微塑料赋存现状及生态危害研究进展》，《环境工程》2022 年第 3 期。

② 王琪、瞿金平、石碧、陈宁、聂敏、杨双桥：《我国废弃塑料污染防治战略研究》，《中国工程科学》2021 年第 1 期。

③ 章海波、周倩、周阳、涂晨、骆永明：《重视海岸及海洋微塑料污染加强防治科技监管研究工作》，《中国科学院院刊》2016 年第 10 期。

④ 王金鹏：《构建海洋命运共同体理念下海洋塑料污染国际法律规制的完善》，《环境保护》2021 年第 7 期。

⑤ 蒋培：《规训与惩罚：浙中农村生活垃圾分类处理的社会逻辑分析》，《华中农业大学学报》（社会科学版）2019 年第 3 期。

⑥ 陈绍军、李如春、马永斌：《意愿与行为的悖离：城市居民生活垃圾分类机制研究》，《中国人口·资源与环境》2015 年第 9 期。

⑦ 吴金芳：《嵌入性互补——城市生活垃圾回收中的政府与市场》，《河南社会科学》2013 年第 9 期。

⑧ 张劼颖、李雪石：《环境治理中的知识生产与呈现——对垃圾焚烧技术争议的论域分析》，《社会学研究》2019 年第 4 期。

⑨ 林煦丹、朱竑、尹铎：《物质地理学的研究进展和启示：追踪物质（follow the things）视角》，《地理科学进展》2021 年第 7 期。"follow the things"在物质地理学中被翻译为追踪物质，这里译为循物。

本文旨在回答在当前的城市生活场景中推广及大量使用可降解塑料，是否能够真正发挥其特有的降解性能与环保作用，从而缓解甚至解决传统塑料污染问题。

本文主要采用案例分析法，沿可降解塑料袋从超市提供到垃圾厂处理的全过程，选取多处调查地点，对可降解塑料袋的政策预期效果与实际处理结果进行深入分析。N市①作为省会城市，是《国家发展改革委 生态环境部关于进一步加强塑料污染治理的意见》（发改环资〔2020〕80号）等政策的率先试点城市。调查链条中超市部分选取了N市连锁超市——S超市进行调查。S超市在N市共有41家大型卖场、60家社区店铺、百余家便利店，是N市范围内分布最广、数量最多的超市，以S超市为调查点具有一定代表性。同时，S超市自2021年1月1日起最先在N市全面启用符合国家标准的可全生物降解购物袋，实现对塑料袋的替代，形成了稳定的可降解塑料供需链，具备观察可行性。居民部分选取了N市两个典型社区（Q社区和C社区）进行调查，两个社区的住户年龄、职业跨度大，具有较强的异质性。且Q社区和C社区是N市第一批实施垃圾分类的社区，住户、物业公司工作人员、保洁等主体间业已形成"常态化"的垃圾处理模式。转运部分选取了K垃圾中转站，K垃圾中转站是距离被调查社区最近的垃圾中转站，Q社区和C社区的垃圾基本上通过垃圾转运车运往K垃圾中转站进行处理。处理部分选取了J焚烧发电厂。J焚烧发电厂承担着N市1/4的生活垃圾的焚烧处理任务，不仅是N市较大规模的生活垃圾焚烧发电厂，也是第一批全国环保设施和城市污水垃圾处理设施向公众开放单位，K垃圾中转站的垃圾最终会被运往此处进行最终处理。

调查资料来源于三种途径。一是循物法。本次调查追踪了可降解塑料袋从超市提供到垃圾厂处理的全过程，掌握了可降解塑料袋的处理

---

① 根据学术伦理，本文涉及的地名均已作匿名处理。

实况，有利于使可降解塑料袋的环保效果更加透明。二是非参与式观察。非参与式观察是以局外人的身份更客观地去了解调查对象的基本情况，有助于形成问题的焦点。此次调查以可降解塑料袋生命周期中涉及的人员、运输网络为观察焦点，明晰了不同主体对可降解塑料袋分类及处理的态度。三是访谈法。调查过程中通过与居民、物业公司工作人员、保洁员及垃圾中转站工作人员的访谈，收集到了更为全面的一手资料。

二 可降解塑料的政策脉络和预期效果

（一）可降解塑料政策的发展脉络

在现代生产生活中，塑料的广泛应用不仅带来了显著的效益，也引发了环境问题。21 世纪初，伴随塑料制品的过度消费，大量塑料垃圾未经过处理而直接进入环境。垃圾回收系统与处理系统尚未完善，难以集中收集和高效处理塑料垃圾，造成了严重的"白色污染"问题。不可降解的传统塑料难以在自然环境或入土掩埋的状态下降解，不仅占据了巨大的空间，还污染了土壤和地下水。特别是农村地区，一些田间地头、池塘水沟上都堆积或漂浮着五颜六色的塑料袋或农用地膜，造成了综合性污染。可降解塑料政策正是在这一背景下产生的：如果以可降解塑料代替传统塑料，那么这些未能进入垃圾回收系统与处理系统的塑料制品可以在自然条件下降解，"白色污染"问题也许能够迎刃而解。

可降解塑料政策与"限塑令"政策密切相关。"限塑令"可以追溯到 2001 年，在塑料快餐盒被乱丢于铁路沿线并导致严重塑料污染的情况下，国家经贸委发布紧急通知《关于立即停止生产一次性发泡塑料餐具的紧急通知》（国经贸产业〔2001〕382 号），要求生产企业立即停止生产一次性发泡塑料餐具。该文件中提及"铁道部已在全路各站、车全面禁止使用发泡塑料餐具和发泡方便碗、盒，一律使用新型可降解的绿色餐具"。2008 年出台的《国务院办公厅关于限制生产销售使用塑料购物袋的通知》（国办发〔2007〕72 号）被认为是我国"限塑令"的正式开端，发布了两项重要的政策：一是在全国范围内禁止生产、销售、使用超薄塑料购物袋（厚度小于 0.025 毫米的塑料购物袋），二是实行塑料购物袋有偿使用制度。自 2014 年起，吉林省、海南省和上海市等省份"限塑"政策首先升级并提出使用可降解塑料。如吉林省建议"提倡商品生产者、经营者和消费者使用可降解塑料制品进行商品预包装和盛装携提物品"，① 开始推广可降解塑料的应用；海南省提出"对从事一次性全生物降解塑料制品生产、使用以及再生资源回收的企业给予政策倾斜""研究制定针对一次性全生物降解塑料制品差异化产业政策"，以及"促进全生物降解塑料替代产品的研发和推广"，② 进一步给予可降解塑料生产、销售企业便利。2020 年 1 月，国家发改委、生态环境部出台《关于进一步加强塑料污染治理的意见》（发改环资〔2020〕80 号），明确提出"在商场、超市、药店、书店等场所，推广使用环保布袋、纸袋等非塑制品和可降解购物袋，鼓励设置自助式、智慧化投放装置，方便群众生活"。强调可降解塑料作为传统塑料的替代产品应得到推广运用，明确列出了可降解塑料袋、生鲜产品可降解包装膜以及可降解地膜三类产品。2020 年 8 月 28 日出台的《商务部办公厅关于进一步加强商务领域塑料污染治理工作的通知》（商办流通函〔2020〕306 号）强调了商务领域可降解塑料推广运用的政策保障，特别说明"各地商务主管部门要加强政策引导，在绿色商场、绿色餐饮、电子商务平台、再生资源回收等工作中，充分发挥规划、标准、资金分配等政策导向作用，增加禁塑限塑相关要求，推动商务领域塑料减量化

---

① 《吉林省禁止生产销售和提供一次性不可降解塑料购物袋、塑料餐具规定》，2014 年 2 月 13 日，吉林省人民政府，https://www.gov.cn/zhengce/2014-02/13/content_5714569.htm。

② 《海南省全面禁止生产、销售和使用一次性不可降解塑料制品实施方案》（琼办发〔2019〕35 号），2019 年 2 月 16 日，中共海南省委办公厅，https://www.hainan.gov.cn/hainan/sw-ygwj/201902/839b212841524e14aa9b0548873d21f7.shtml。

新模式、新业态发展"以及应用范围，"加强电商、外卖等平台企业入驻商户管理，制定一次性塑料制品减量替代实施方案，推广可循环、易回收、可降解替代产品"。2021 年 9 月，国家发展改革委、生态环境部出台《关于印发"十四五"塑料污染治理行动方案的通知》（发改环资〔2021〕1298 号），在"科学稳妥推广塑料替代产品"部分，以可降解塑料为中心提出了完善相关产品的质量和食品安全标准、评估环境安全性和可控性、出台生物降解塑料标准、引导产业合理布局和加大可降解塑料检测能力建设等多方面的要求，对可降解塑料产业的发展进行了政策引导和规划布局。

政策层面对不可降解塑料的限制或禁止，推动了可降解塑料的应用。以快递塑料包装为例，随着我国电子商务的普及，我国快递行业步入高速发展阶段。国家邮政局监测数据显示，截至 8 月 13 日，2024 年我国快递业务量已突破 1000 亿件。① 根据绿色和平《中国快递包装废弃物产生特征与管理现状研究报告》中的数据统计，2018 年我国快递行业共消耗塑料类包装材料 85.18 万吨，其中塑料薄膜袋占比为 81.5%，而其中大部分都是不可降解塑料。② 根据《关于进一步加强塑料污染治理的意见》（发改环资〔2020〕80 号），"到 2022 年底，北京、上海、江苏、浙江、福建、广东等省市的邮政快递网点，先行禁止使用不可降解的塑料包装袋、一次性塑料编织袋等，降低不可降解的塑料胶带使用量。到 2025 年底，全国范围邮政快递网点禁止使用不可降解的塑料包装袋、塑料胶带、一次性塑料编织袋等"③。随着政策的推行，预计到

---

① 《2024 年全国快递业务量突破 1000 亿件》，2024 年 8 月 13 日，https://www.spb.gov.cn/gjyzj/c100015/c100016/202408/f990b27209ee44d6a52fd439171c4d2b.shtml。

② 《中国快递包装废弃物产生特征与管理现状研究报告》，2019 年 11 月 13 日，https://www.greenpeace.org.cn/wp-content/uploads/2019/11/%E4%B8%AD%E5%9B%BD%E5%BF%AB%E9%80%92%E5%8C%85%E8%A3%85%E5%BA%9F%E5%BC%83%E7%89%A9%E4%BA%A7%E7%94%9F%E7%89%B9%E5%BE%81%E4%B8%8E%E7%AE%A1%E7%90%86%E7%8E%B0%E7%8A%B6%E7%A0%94%E7%A9%B6%E6%8A%A5%E5%91%8A-.pdf。

③ 《关于进一步加强塑料污染治理的意见》（发改环资〔2020〕80 号），2020 年 1 月 16 日，网址：https://www.mee.gov.cn/xxgk2018/xxgk/xxgk10/202001/t20200120_760495.html。

2025 年，快递包装领域对可降解塑料的需求接近 40 万吨，① 可降解塑料包装袋和塑料胶带逐渐代替不可降解塑料制品，使用量将随之大幅增加。

作为省会城市，N 市在推行可降解塑料政策方面走在前列。2020 年 1 月国家发展改革委、生态环境部出台的《关于进一步加强塑料污染治理的意见》（发改环资〔2020〕80 号）提出"到 2020 年底，直辖市、省会城市、计划单列市城市建成区的商场、超市、药店、书店等场所以及餐饮打包外卖服务和各类展会活动，禁止使用不可降解塑料袋，集贸市场规范和限制使用不可降解塑料袋"。N 市为省会城市，自然要遵照执行。N 市所在省 2021 年 9 月出台的《加快推进快递包装绿色转型的实施意见》要求"到 2022 年底，全省快递包装标准化、绿色化、循环化水平明显提升，力争全面建立严格有约束力的快递绿色包装标准体系。快递网点全面禁止使用不可降解的塑料包装袋、一次性塑料编织袋等"。此外，N 市还在一次性塑料餐具，宾馆、酒店一次性塑料用品、农用地膜等方面禁止、限制使用部分塑料制品。N 市城市生活中可降解塑料使用量不断增加，成为可降解塑料制品推广与应用的代表性城市。

（二）可降解塑料政策的预期效果

可降解塑料由于特有的降解性能在政策文本中一般作为传统塑料的替代产品出现，政策预期效果主要为减少白色污染与节约能源。

1. 减少白色污染

推广可降解塑料政策的首要预期效果是减少白色污染。国家发展改革委、生态环境部出台的《关于印发"十四五"塑料污染治理行动

---

① 《中国快递包装废弃物产生特征与管理现状研究报告》，2019 年 11 月 13 日，https://www.greenpeace.org.cn/wp-content/uploads/2019/11/%E4%B8%AD%E5%9B%BD%E5%BF%AB%E9%80%92%E5%8C%85%E8%A3%85%E5%BA%9F%E5%BC%83%E7%89%A9%E4%BA%A7%E7%94%9F%E7%89%B9%E5%BE%81%E4%B8%8E%E7%AE%A1%E7%90%86%E7%8E%B0%E7%8A%B6%E7%A0%94%E7%A9%B6%E6%8A%A5%E5%91%8A-.pdf.

方案的通知》（发改环资〔2021〕1298 号）等包含推广可降解塑料内容的政策中，体现了通过"积极推动塑料生产和使用源头减量、科学稳妥推广塑料替代产品，加快推进塑料废弃物规范回收利用，着力提升塑料垃圾末端安全处置水平，大力开展塑料垃圾专项清理整治，大幅减少塑料垃圾填埋量和环境泄漏量"等措施，致力于达成"推动白色污染治理取得明显成效"的总体要求。在《国家发展改革委就〈"十四五"塑料污染治理行动方案〉答记者问》中，指出"塑料污染的本质是塑料垃圾泄漏到土壤、水体等自然环境中且难以降解，带来视觉污染、土壤破坏、微塑料等环境危害"①。可降解塑料作为传统普通塑料的替代，不仅能够减少不可降解塑料的生产量和使用量，还可以通过发挥其在自然环境下完全降解的特性，减少白色污染以及塑料垃圾造成的其他综合性问题。

2. 节约能源

可降解塑料政策的另一个预期效果是节约石油资源。国家发展改革委、生态环境部《关于进一步加强塑料污染治理的意见》（发改环资〔2020〕80 号）中提及，"不规范生产、使用塑料制品和回收处置塑料废弃物，会造成能源资源浪费和环境污染，加大资源环境压力"。可降解塑料基于原料不同可分为生物基可降解塑料与石油基可降解塑料，聚乳酸（polylactic acid，PLA）即为一类常见生物基可降解塑料，而传统塑料均以石油为原料。2020 年海南省出台了《海南省全生物降解塑料产业发展规划（2020—2025 年）》，其围绕全生物降解塑料产业发展总体目标，提出了形成产业规模、打造创新高地、优化发展环境和形成示范效应四个具体发展目标。推动生物可降解塑料在生活场景中应用的同时，禁止或限制传统塑料的使用，在一定程度上能够推动生物基塑料的发展，降低塑料制品对石油的依赖，进而节约能源。

---

① 《国家发展改革委就〈"十四五"塑料污染治理行动方案〉答记者问》，2021 年 9 月 16 日，网址：https://www.gov.cn/zhengce/2021-09/16/content_5637607.htm。

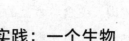

三 可降解塑料的政策实践：一个生物 可降解塑料袋的"旅行"

（一）一个生物可降解塑料袋的"旅行"

以超市为起点，我们通过非参与式观察的方法，了解 N 市可降解塑料袋从超市提供到垃圾处理的全流程，以循物的方法描述现实生活中生物可降解塑料袋的生命周期，从而厘清可降解塑料制品在实践各环节存在的问题，明晰当前 N 市可降解塑料制品推广应用的实际环保效能。

1. 超市：可降解塑料制品的消极供应者

超市对于民众而言，是可降解塑料袋的首要提供者之一，在供应可降解塑料袋上表现出消极倾向。出于可降解塑料价格相对较高、存在性能缺陷考虑，超市对提供可降解塑料制品抱持消极的态度。商务部、发展改革委、工商总局令 2008 年第 8 号《商品零售场所塑料购物袋有偿使用管理办法》规定由商品零售场所提供的、用于装盛消费者所购商品、具有提携功能的塑料袋均为有偿使用，而《相关塑料制品禁限管理细化标准（2020 年版）》中明确指出禁止商场、超市、药店、书店、餐饮打包外卖服务、展会活动等提供用于盛装及携提物品的不可降解塑料购物袋。由于民众对可降解塑料制品的接受程度较低，在环保政策和塑料袋有偿使用制度下，超市只在收银台投放使用有偿的可降解塑料袋。但规模较大的超市远不止在收银台一处提供塑料袋，散称零食区、生鲜食品区等区域都需要塑料袋以供消费者盛放商品。由于塑料袋的巨大需求量，成本因素是超市更青睐不可降解塑料袋的重要原因——可降解塑料袋是常规塑料袋价格的 2~3 倍[①]，而可以

---

① 《2022 年中国可降解材料市场研究报告》，2022 年 4 月，https://report.iresearch.cn/report_pdf.aspx？id=3973&=。

直接盛放鲜肉、熟食等食品的可降解塑料袋则价格更高，并且在这些区域难以做到有偿提供塑料袋服务。同时，可降解材质的塑料袋有效期一般只有半年，远远短于普通塑料袋的有效期，塑料袋的储存问题也导致超市更偏向于提供普通塑料袋。为了稳定客流量和减少成本，超市仅在收银台有偿提供可降解塑料袋，其他区域仍然免费提供不可降解塑料袋。

2. 居民：可降解塑料垃圾的"生产者"

消费者在超市用可降解塑料袋盛放或携带购买的商品，服务员将可降解塑料吸管插入奶茶杯中，外送人员把用可降解塑料餐盒盛放的餐食送到顾客家中……日常生活中以上场景每天都会出现。可降解塑料确实走进了"寻常百姓家"，但遗憾的是绝大多数的居民不仅不在意垃圾分类标识，也没有意识到可降解塑料的特殊处理需要，始终将其作为普通塑料对待。

居民既是可降解塑料垃圾的"生产者"，也是将可降解塑料垃圾与其他垃圾混放处置的"混合者"。在居民随手将可降解塑料袋丢入具有不同标志的垃圾桶时，垃圾回收处理流程就开始了。参照《生活垃圾分类标志》，生活区中每个垃圾桶都被贴上了分类的标识。干净的可降解塑料袋属于可回收垃圾，而脏污的可降解塑料袋属于其他垃圾。如果恰好了解有关垃圾分类的知识，也愿意进行垃圾分类，人们可能会认真地寻找标有可回收垃圾或其他垃圾的垃圾桶，将手中的可降解塑料袋投放到正确的垃圾桶内，但如果没有同时具备上述的垃圾分类知识和意愿，这类垃圾大概率会被随意放置在离人们最接近的垃圾桶里，而不会采取分类投放的做法。假设居民近手边的垃圾桶只有厨余垃圾的标识，那么生物可降解塑料袋往往会随着食物残渣一起被扔进厨余垃圾桶中。这个"格格不入"的垃圾只能等待其他人来分类。

3. 保洁员：可降解塑料垃圾的旁观者

小区里保洁员通常由物业雇用，负责一定管辖范围内的垃圾清理工作，如果没有要求，他们可能既不会在意垃圾是否被分类投放，也不会对已经放入垃圾桶的垃圾进行分类，是可降解塑料垃圾的旁观者。他们的工作内容通常是，每天定时收集责任区域内的垃圾，收完垃圾后及时对运送过程中的污水和垃圾物进行处理。如果将垃圾分类作为硬性工作要求，保洁员会根据规定努力完成。但是，据笔者观察，在缺乏监管的情况下，保洁员既没有明确的责任也没有相应的激励将没有进行分类的垃圾一一捡拾出来按标识投放。更何况经过一夜垃圾的堆积，一些可降解塑料袋已经被埋进了垃圾桶底部，上面堆放着其他垃圾，寻找并捡拾可降解塑料袋实在过于困难。

4. 垃圾转运车：可降解塑料垃圾的运输者

清晨，一辆辆拥有垃圾分类标识的垃圾转运车来到小区，将垃圾箱中的所有垃圾倾倒入车内，等装满生活垃圾，车就朝垃圾中转站驶去。在这个过程中，2020 年 N 市通过的《N 市生活垃圾管理条例》① 明令禁止的垃圾车混装混运现象随处可见。2023 年 7 月 3 日的清晨，笔者在观察的初始时间，就看到了标有其他垃圾的转运车收运可回收垃圾或厨余垃圾。可降解塑料袋在这次的装运过程中，进入了标有其他垃圾的车厢，和碧绿的啤酒玻璃瓶等垃圾混合在了一起。

5. 垃圾中转站：可降解塑料垃圾的漠视者

在臭气熏天的垃圾中转站里，调查者并未发现中转站对车辆内的垃圾进行分类，而是在这里进行一场垃圾的交接仪式，转运车只是将车内已有的垃圾往更大的垃圾转运车中倾倒并进行脱水压缩，以求装载更多的垃圾。在这里，可降解塑料袋和其他垃圾一起被倾倒出来，然而未分类的可降解塑料袋得不到专门的处理，刚得以"重见天日"，就又被一铲又一铲扔进了混合着厨余垃圾和其他垃圾的更大的垃圾转运车

---

① N 市人民政府：《N 市生活垃圾管理条例》，2020 年 11 月 1 日。其中，第五章第三十七条第三款规定："按照确定的生活垃圾收集、运输作业时间和运输路线，将生活垃圾分类收集、分类密闭运输至规定的转运站或者处置场所，不得混装混运或者随意倾倒、丢弃、遗撒、堆放，并避免噪音扰民。"

厢，迎来它们最后的归宿。

6. 垃圾焚烧站：可降解塑料垃圾的终端处理者

最终，根据中转站内工作人员的回答，压缩脱水后的生活垃圾基本上被转运至城郊的焚烧发电厂，经过一段时间的发酵后焚烧处理。可降解塑料袋随着转运车来到了垃圾焚烧站内的一个巨大垃圾池，它们的生命和无数不可降解塑料垃圾相似，即将在焚烧炉的高温炙烤中结束。即使每个可降解塑料袋上都标有最佳处理方式，例如，PLA 生物可降解塑料袋适用于堆肥化降解，但很少有人会关注它与普通的垃圾的不同——需要经过特殊处理才能实现可降解效果。

（二）政策实践的结果评析

1. 可降解塑料被燃烧的命运

在政策文本的理想设定下，可降解塑料可以充分发挥降解性能，缓解环境压力。通过增加可降解塑料的供应量，经过居民、环卫工人、垃圾中转站工作人员等多主体的分拣后，少量遗落在环境中的可降解塑料垃圾由自然界存在的微生物实现部分降解，其余大部分可降解塑料垃圾最终通过堆肥、厌氧消化等的生物处置法，完全分解为水、二氧化碳和无机盐等环境无害物。在此条件下，相较于普通塑料，可降解塑料的降解速度与降解产物都更有利于环境。

在实践中，可降解塑料垃圾很少被丢弃于环境中自然降解，也无法进入堆肥厂进行专门处理，而是与普通塑料垃圾一样在燃烧中结束"生命"。在当前城市生活垃圾收集全覆盖的现状下，可降解塑料垃圾已很少能够被遗落在自然环境中。同时，现有的城市生活垃圾回收处理制度未设置和打通专门的可降解塑料垃圾回收链，不能满足可降解塑料完全分解要求，可降解塑料垃圾无法被专门集中转运送至堆肥处理厂等场所，而是统一进入了焚烧厂。可降解塑料垃圾——一类需要"特定情景或自然环境"处理条件的垃圾，与现有的城市生活垃圾回收处理不同，是适用于酶促降解、糖酵解、厌氧消化等不同处理方法的垃圾。① 但最终可能并未改变被燃烧的命运。

2. 非预期的环境问题

无论是焚烧还是卫生填埋，可降解塑料产生的环境污染都不比普通塑料少。当最终处理方式为焚烧时，实验以 1000 个容量为 650mL 的一次性外卖餐盒为功能单元，将聚丙烯（polypropylene，PP，一类常见的普通塑料）、PLA（一类常见的可降解塑料）两类典型的一次性外卖餐盒的全生命周期碳足迹进行对比，发现它们分别排放 186.18kg 和 137.93kg CO_2，② 相较于传统石油基聚合物，PLA 存在的冲击韧性差等缺陷极大地限制了其在更为广泛领域中的应用。③ 鉴于可降解塑料的性能差距，2~3 个 PLA 塑料制品才能够承担一个 PP 塑料制品的任务，甚至假设两者之间使用比例为 1∶1.35，则 PLA 塑料的碳足迹将超过 PP 塑料。④ 这显然与《关于进一步加强塑料污染治理的意见》（发改环资〔2020〕80 号）中推进生态文明建设和高质量发展、实现绿色转型的预期目标不符。

四 可降解塑料制品何以不环保：N 市的政策实践反思

为推动白色污染治理等环保目标而推行的可降解塑料政策，N 市的地方实践中非但未能取得预期效果，反而造成碳排放增加、自然资源及社会成本浪费等诸多问题。理论上绿色的可降解塑料为何在现实推广应用中反而不环保呢？回答这一问题，将有助于完善相关环境政策，促进环保目标的实现。本文将从历史的纵向角度与主体的横向角

① 韩石磊、张付申：《废弃生物可降解塑料的处理方法与发展趋势》，《中国环境科学》2023年第 12 期。
② 李德祥、叶蕾、支朝晖、金征宇、缪铭：《三类典型一次性外卖餐盒的全生命周期评价》，《现代食品科技》2022 年第 1 期。
③ 王欣悦、丁伟、金玉顺、刘若凡、伍一波：《生物质强韧化改性聚乳酸基复合材料的研究进展》，《精细化工》2024 年第 9 期。
④ 李德祥、叶蕾、支朝晖、金征宇、缪铭：《三类典型一次性外卖餐盒的全生命周期评价》，《现代食品科技》2022 年第 1 期。

度分析这一问题。基于历史维度的纵向分析，有助于展现可降解塑料相关政策在不同历史时期、不同制度及不同社会环境下的政策适应性状况，在帮助理解当前政策效果不理想的成因的同时，为提高可降解塑料相关政策的适应性提供思路。基于主体维度的横向分析，深入探究技术发展和社会认知对其环保性的影响，同时通过比较不同主体对待可降解塑料垃圾的态度，可以揭示出导致其不环保的共同或特殊原因。

（一）历史溯因：N 市政策环境变迁与政策内容的滞后性

为了更好地理解这一问题，我们可以引入"政策适应性"这一概念。政策适应性强调政策内容与政策环境等因素的匹配。[①] 这一匹配不仅包括区域整体政策环境、政策资源与政策能力，即"因地制宜"，而且强调特殊历史时段的政策环境，即"因时制宜"。从政策适应性角度理解可降解塑料推广何以造成诸多不环保问题，"因时制宜"层面的政策匹配是一个重要的切入点。

可降解塑料相关政策的出台，最初主要是对白色污染问题的回应，在 21 世纪初的政策环境下，以可降解塑料替代普通塑料的政策思路是适切的。众所周知，塑料在生活中经常被使用以至于被滥用，而环卫系统垃圾清运能力不足，在当时不能够及时有效处理居民每日生产的各类垃圾，大量塑料垃圾不是进入填埋场就是泄露至自然环境，随处可见五颜六色的塑料袋漂浮在水塘、河湖之上，田间地头堆积着成山的塑料垃圾，土壤中残留着难以降解的塑料农膜等。在这种情况下，如果出台政策推动可降解塑料代替传统塑料是合适的，即使可降解塑料遗落在环境中的不同角落而未能被垃圾系统完全收集，也能够在土壤、水等环境下进行生物降解，最终回归自然循环，有助于缓解当时严重的塑料污

---

① 石绍成：《适应性治理》，北京：中国社会科学出版社，2020 年；杜其君：《政策细化：一种政策适应性的再生产方式》，《公共管理评论》2023 年第 1 期。

染问题，可谓是"因时制宜"。

事实上，相比 21 世纪初，当前政策环境已经发生多重变化，可降解塑料相关政策内容却未随之调适，从而引发了政策适应性的偏移，滞后于政策环境的变化及新的政策需求。政策环境主要有两个变化：一是近年来 N 市的城市居民的环保意识有所增强，居民已经养成定点收集和投放垃圾的习惯，这方便了环卫部门集中进行垃圾后续清理运输；二是在 N 市，垃圾收集与回收处理系统日渐完善，能够高效收集、处理源源不断的生活垃圾，自然环境中塑料垃圾的暴露量大大减少，白色污染在 N 市的城市地区已经不再成为一个重要的环境问题。在这一情况下，将可降解塑料与普通塑料进行全生命周期的对比，可以发现，可降解塑料仅在节约石油资源的生物基可降解塑料的生产环节更具环保优势[①]。而在最终处理方面，以焚烧了之的可降解塑料与普通塑料的环保效益并无差异[②]，但通过卫生填埋处理的可降解塑料比普通塑料造成更大环境影响。以产量最大的 PLA 塑料为例，对 PLA 塑料进行卫生填埋会导致显著的气候变化影响和臭氧层破坏，1kg PLA 塑料在填埋设施的 CO_2 排放当量为 3.1kg CO_2eq，超出传统塑料焚烧的 CO_2 排放当量约 35%，[③] 如此，在 N 市这类地区，以可降解塑料代替传统塑料的必要性需要重新考量。虽然地方实践的初衷是为了治理环境问题，但未能达成预期效果。

综上，政策环境变化、政策内容的适应性偏移导致可降解塑料的推广未能实现政策的预期效果，反而可能产生非预期的环境危害。在当前垃圾收集、处理系统业已全覆盖、高效率，传统塑料垃圾在进入消费链后，在城市生活场景中大约几天就会进入处理厂，不会成为

① 李德祥、叶蕾、支朝晖、金征宇、缪铭：《三类典型一次性外卖餐盒的全生命周期评价》，《现代食品科技》2022 年第 1 期。

② 胡宇鹏、李会芳、谢昕宇、张永涛、陈锟、刘健：《可降解塑料的环境影响评价与政策支撑研究报告》，2022 年，第 34 页，https://m.thepaper.cn/baijiahao_20083428。

③ 胡宇鹏、李会芳、谢昕宇、张永涛、陈锟、刘健：《可降解塑料的环境影响评价与政策支撑研究报告》，2022 年，https://m.thepaper.cn/baijiahao_20083428。

白色污染源的情况下，用可降解塑料防治城市白色污染并没有太大优势。

（二）被漠视的降解条件及处置系统的不匹配

如前文所述，可降解塑料的推广，除了减少白色污染等政策预期之外，还可能产生减少碳排放等环境效应，但这些环境效应的达成需要建立在可降解塑料垃圾的分类收集及合理的降解处理前提下。可降解塑料垃圾最恰当的处理方式是进行工业化堆肥处理，而非当前城市生活垃圾无害化处理的主要方式。在 N 市的政策实践层面，各主体对可降解塑料所需的独特的降解条件的无视，以及末端处置系统不匹配的情况，阻碍了可降解塑料全生命周期管理。

从初端分类到中端分拣、运输，再到末端处理，需要设置独立于普通塑料垃圾的可降解垃圾处置系统。每一个环节都非常重要。其中，末端降解处理的设置最为关键，如果末端未打通，初端、中端的分类都失去意义。同时，如果初端不分类，中端分拣压力大，末端分类和降解处理更不现实。在这种情况下，将城市居民每日生产的大量生活垃圾交由负责转运和分拣的工作人员进行再分类是不可能的，本就混合的垃圾被运输到卫生填埋场或焚烧厂，不同分类的垃圾只能采取同样的处理方式。如果中段混合运输，初端分类就变得没有意义，垃圾转运车混合运输已在初端分类完成的垃圾，在到达垃圾中转站后，工作人员难以对车厢内的垃圾进行分拣。只有末端打通，同时推进初端分类、中端分拣、不混合运输，才能够更有效地处理这类垃圾。

实践层面，当前可降解塑料面临与传统塑料同样的"被燃烧的命运"，首先末端降解处理没有得到应有的重视。当地政策关注了塑料垃圾的无害化处理，但没有考虑到可降解塑料降解处理条件与方式。实际上，可降解塑料垃圾的降解需求与目前 N 市的垃圾处理方式之间并不匹配。可降解塑料垃圾最适合的处理方式是进行好氧堆肥处理，而不是焚烧或卫生填埋。相较于焚烧和卫生填埋等垃圾处理方式，可降解塑料更适合使用堆肥和厌氧消化两种方式进行处理。① 尽管推广可降解塑料的应用成为各地政策热潮，但少有地区做到了可降解塑料作为独立的塑料垃圾类别与其降解条件的适配。②

初端垃圾分类环节不完善的原因有两方面：一方面是大部分居民难以自觉进行分类，另一方面是垃圾分类管理规范没有将需要特殊处理的可降解塑料进行专门分类。居民作为城市生活垃圾的生产者为何不愿意进行垃圾分类，原因有以下几点。一是主观规范的诱导，主观规范取决于周边生活环境产生的社会压力对居民垃圾分类行为的影响，这种社会压力主要来自居民社会生活中所接触的社会团体和个人。在感知到周围邻居、亲友在家庭端并没有进行垃圾分类，而是随意丢放垃圾并且周围的人并没有因为垃圾未分类而受到处罚时，民众就会产生可以不进行垃圾分类的群体侥幸心理。如南京市物业管理行业协会的数据也能够佐证，"95%的居民表示其本人或认识的朋友、邻居等从未因个人未进行垃圾分类或随意丢弃垃圾受到过政府部门的处罚"。③ 二是进行可降解塑料的分类与投放对于民众来说是一场交换的失衡。从成本投入角度而言，生活垃圾的分类需要居民投入时间、空间以及习得专业知识的精力，而时间和精力对当下的城市居民而言是紧缺资源。在N市鲜有小区物业愿意补贴、奖励参与垃圾分类的居民，缺乏正向激励的生活垃圾分类对居民而言是一项"高投入—低收入"的不对等社会交换，居民因此对垃圾分类缺乏积极性。就政策文本而言，目前当地相关政策对可降解塑料的认证规范、所属垃圾类别的界定并不完善，对可降解塑料回收处理的可行性也缺乏实际考量。2020年9月，中国轻工

① Sabino De Gisi, Giovanni Gadaleta, Giuliana Gorrasi, Francesco Paolo La Mantia, Michele Notarnicola and Andrea Sorrentino, "The Role of (Bio) Degradability on the Management of Petrochemical and Bio-based Plastic Waste," *Journal of Environmental Management*, Vol. 310, 2022, 114769.

② 金琰、蔡凡凡、王立功、宋超、金文、孙俊芳、刘广青、陈畅：《生物可降解塑料在不同环境条件下的降解研究进展》，《生物工程学报》2022年第5期。

③ 南京市物业管理行业协会：《南京市住宅小区生活垃圾分类情况调研报告》，《中国物业管理》2023年第1期。

业联合会制定的《可降解塑料制品的分类与标识规范指南》对可降解塑料的文字和图片标识做出了具体规范，但并未进一步指出使用主体、如何认证生物可降解塑料制品的标志等问题，缺乏从技术、方法层面上判断何种材料属于可降解材料范畴。

中端的分拣、运输环节存在明显的文本规范与实践规范相分离的问题。在N市，虽然关于分拣、运输有正式的规定，如《N市生活垃圾管理条例》中明确要求"分类收集、分类运输"，然而，如果居民没有分类投放垃圾，工作人员没有能力完成再分类与分拣任务，那么对不同分类垃圾桶内的垃圾进行混收混运就顺理成章。当政策的前提不存在时，建立在前提基础上的一切后续要求便成为空谈。换句话说，初端居民不分类投放垃圾使处于中下游的回收处理流程的工作者将政策要求置之不理的行为合理化，而混收混运也"鼓励"居民延续着自己的生活习惯。

虽然现阶段的政策大力推广可降解塑料在生活场景中的应用，但是实际上从初端分类、中端分拣到末端处置，整个垃圾处理系统并不完全与之匹配。可降解塑料垃圾只有得到专门分类、运输和专业化处理才能达到政策预期的环保效果，而在当前的政策实践下，生活场景中的可降解塑料垃圾更多走向不环保。

五　结论

本文发现在N市以超市提供的可降解塑料为起点，以垃圾处理厂为终点的可降解塑料全生命周期中，可降解塑料政策的实践结果与政策预期迥然不同。从历史角度出发，目前的政策环境较21世纪初发生变化，政策内容的适应性偏移，这是可降解塑料的推广未能实现政策预期效果，反而产生非预期环境危害的重要原因。可降解塑料独特的降解条件被忽视以及处置系统不匹配是另一重要原因。

基于上述社会现实，应慎重考虑城市生活场景中以可降解塑料全面替代传统塑料，避免非预期的环境问题。如陈阿江所言，只有"适用的先进"才是有意义的。[①] 包括可降解塑料技术在内，技术先进性以其社会适用性为前提，如果缺少了适宜的社会基础，推广应用则可能导致"变宝为废"的结果。

[①] 陈阿江：《环境治理：科技的应用及其社会学反思》，《中国社会科学报》2024 年 2 月 19 日，第 7 版。

《环境社会学》征稿启事

《环境社会学》是由河海大学环境与社会研究中心、河海大学社科处与中国社会学会环境社会学专业委员会主办的学术集刊。本集刊致力于为环境社会学界搭建探索真知、交流共进的学术平台，推进中国环境社会学话语体系、理论体系建设。本集刊注重刊发立足中国经验、具有理论自觉的环境社会学研究成果，同时欢迎社会科学领域一切面向环境与社会议题，富有学术创新、方法应用适当的学术文章。

本集刊每年出版两期，春季和秋季各出一期。每期 25 万~30 万字，设有"理论研究""水与社会""环境治理""生态文明建设""学术访谈"等栏目。本集刊坚持赐稿的唯一性，不刊登国内外已公开发表的文章。

请在投稿前仔细阅读文章格式要求。

1. 投稿请提供 Word 格式的电子文本。每篇学术论文篇幅一般为 1 万~1.5 万字，最长不超过 2 万字。

2. 稿件应当包括以下信息：文章标题、作者姓名、作者单位、作者职称、摘要（300 字左右）、3~5 个关键词、正文、参考文献、英文标题、英文摘要、英文关键词等。获得基金资助的文章，请在标题上加脚注依次注明基金项目来源、名称及项目编号。

3. 文稿凡引用他人资料或观点，务必明确出处。文献引证方式采用注释体例，注释放置于当页下（脚注）。注释序号用①、②……标识，每页单独排序。正文中的注释序号统一置于包含引文的句子、词组或段落标点符号之后。注释的标注格式，示例如下：

（1）著作

费孝通：《乡土中国 生育制度》，北京：北京大学出版社，1998 年，第 27 页。

饭岛伸子：《环境社会学》，包智明译，北京：社会科学文献出版社，1999 年，第 4 页。

（2）析出文献

王小章：《现代性与环境衰退》，载洪大用编《中国环境社会学：一门建构中的学科》，北京：社会科学文献出版社，2007 年，第 70~93 页。

（3）著作、文集的序言、引论、前言、后记

伊懋可：《大象的退却：一部中国环境史》，梅雪芹等译，南京：江苏人民出版社，2014 年，"序言"，第 1 页。

（4）期刊文章

尹绍亭：《云南的刀耕火种——民族地理学的考察》，《思想战线》1990 年第 2 期。

（5）报纸文章

黄磊、吴传清：《深化长江经济带生态环境治理》，《中国社会科学报》2021 年 3 月 3 日，第 3 版。

（6）学位论文、会议论文等

孙静：《群体性事件的情感社会学分析——以什邡钼铜项目事件为例》，博士学位论文，华东理工大学社会学系，2013 年，第 67 页。

张继泽：《在发展中低碳》，《转型期的中国未来——中国未来研究会 2011 年学术年会论文集》，北京，2011 年 6 月，第 13~19 页。

（7）外文著作

Allan Schnaiberg, *The Environment：From Surplus to Scarcity*, New York：Oxford University Press, 1980, pp. 19-28.

（8）外文期刊文章

Maria C. Lemos and Arun Agrawal，"Environmental Governance," *Annual Review of Environment and Resources*，Vol. 31，No. 1，2006，pp. 297-325.

4. 图表格式应尽可能采用三线表，必要时可加辅助线。

5. 来稿正文层次最多为 3 级，标题序号依次采用一、（一）、1。

6. 本集刊实行匿名审稿制度，来稿均由编辑部安排专家审阅。对未录用的稿件，本集刊将于 2 个月内告知作者。

7. 本集刊不收取任何费用。本集刊加入数字化期刊网络系统，已许可中国知网等数据库以数字化方式收录和传播本集刊全文。如有不加入数字化期刊网络系统者，请作者来稿时说明，未注明者视为默许。

8. 投稿办法：请将稿件发送至编辑部投稿邮箱 hjshxjk@ 163. com。

《环境社会学》编辑部

Table of Content & Abstract

Environmental Concepts, Discourse and Behavior

Semantic Reasoning Analysis of Online Comments on Fukushima Nuclear Wastewater Discharge

Gu Jintu, Qi Yufan / 1

Abstract: The Fukushima nuclear wastewater discharge, as one of the most significant environmental incidents in recent years, has sparked many discussions on online platforms. This study collects and analyzes public comments toward this incident on social media platforms including Sina Weibo, Zhihu, Douban, and Baidu Tieba, to explore the cognitive reasoning characteristics and emotional expressions displayed in discussions related to the nuclear wastewater discharge. By employing semantic extraction methods and typological analysis, the study investigates the diffusion patterns and aggregation tendencies of community opinions in the online public sentiment. The research reveals that 80% of the online comments do not provide substantial information or valid reasoning, lacking the characteristics of widespread dissemination. Comments with effective dissemination characteristics often focus on the national subject, while displaying rejection towards professional factors, presenting a tendency of political overstepping and technological underrepresentation. The logical reasoning characteristics in the comments treat the environmental incident as an intermediate variable, focusing on dimensions such as political actions, economic benefits, and social health, resulting in the evolution of six causal inference paths. In texts which could result in direct consequences, comments with willingness to take actions are prone to more emotional diffusions and opinion aggregations, thus leading to collective anxiety and resistance, which should be the focus of public sentiment governance. The influence of online comments is closely related to the social media platform and specific events.

Keywords: Nuclear-contaminated Water; Network Comments; Semantic Inference; Public Opinion Governance

A Study on the Cleanliness Concept and Waste Disposal of Zang Nationality Society from the Perspective of Ecological Anthropology

Zhang Hui / 22

Abstract: Previous studies have focused more on the management of waste in modern society, while the disposal and utilization of waste in traditional society are vague. Using the research approach of ecological anthropology, this study examines the utilization and disposal of waste in Zang Nationality society under the influence of the concept of cleanliness. It is found that under the special cultural background of Zang Nationality society and the influence of the ecological environment of the Qinghai Xizang Plateau, a rich concept of cleanliness has been formed in the local area. This concept has deeply influenced the basic understanding and classification of waste in the daily life of the Xizang community, and has shaped a local utilization system that has been passed down for many years. It plays an important role in building the classification and sustainable development of material resources in local society. The disposal and utilization of waste in traditional society has its own rationality and can be seen as the survival wisdom of local communities from an ecological perspective. It has a certain positive significance for maintaining the balance of local ecosystems and can provide useful insights for modern management of rural household waste.

Keywords: Zang Nationality Society; Waste; Ecological Anthropology; Clean Concept; Inviromental Governance

Toilet Renovation and Waste Disposal

"The Tao Lies in Excrement and Urin": The Eco-Social Narrative of Toilets Change: Based on the Case of Yun Village

Li Deying, Niu Yu / 38

Abstract: As key links, toilets play an important role in the eco-social interaction. However, most of the existing discussions focused on discourses such as "health" and "civilization", lacking ecological cognition. Taking Yun village as a case study, this paper described the ecological-social interaction before and after the transformation of toilets: the traditional dry toilets embedded in agricultural production had a pit as the core and formed a spatial structure and excrement's utilization technology around the accumulation of manure to the field. Even under the influence of the concept of "saving manure like gold", villagers used the excrement in the field and city, thus constructing a mode of the cycle between production, life and ecology. The introduction of chemical fertilizers leaded to the termination of the production function of the toilets and the breakdown of the ecological-societal metabolic relationship, The structure of the toilet had also been renovated. The bathroom has become the core and has been combined with multiple living functions. However, the disposal of excrement has been ignored, and even caused ecological problems such as random dumping of excrement. To sum up, as Zhuangzi said, "The Tao lies in excrement and urine." using toilets as key links to discuss the metabolism of ecology-society interaction will not only make up for the cognition about toilets, but also improve the rural toilets' revolution from the perspective of production-life-ecology relations, and even promote the practice of rural ecological governance.

Keywords: Eco-Society Narrate; Toilet Change; Excrement and Urin

Farmers' participation in Rural Environmental Governance: Why is it Possible and What Can be Done?: Taking the Upgrading and Renovation of Toilet in S Village of Southern Anhui Province as an Example

Wu Jinfang / 56

Abstract: Farmers' participation is the key to good governance of rural environment. and the effective participation of farmers is the result of the interaction between government guidance and rural autonomy. Through the study of the case of toilet upgrading in S village, it is found that only the local government leads the village toilet upgrading, the lack of farmers' perspective and the suspension of administrative mobilization lead to the disconnection between toilet governance practice and rural production and living system and local culture, and farmers' participation is negative. Appropriate decentralization and effective guidance by the government are the basis for farmer participation. By identifying and diagnosing farmers' diversified renovation needs of toilet -absorbing key opposition forces-and integrating ordinary farmers' willingness of participation, local governments successfully mobilized farmers to participate and achieved co-governance between the government and the people. Based on the case experience, it is the key to normalize farmer' participation to build a micro-social foundation suitable for farmers participation. Returning to the people-oriented governance concept to cultivate farmer' participation consciousness. Optimizing the environmental governance structure and persisting in the combination of government's guidance and farmers' autonomy, to ensure the reasonable participation space of villagers. With the help of informal governance mechanism, it can enhance the organization of farmers participation by Utilizing the advantages of rural elites, acquaintance society, face, human feelings and other factors in the mobilization of farmer' participation. That can use technologies to empower farmers' participation by increasing the supply of diversified and localized small and micro rural environmental governance technologies. Grasping the social mechanisms underlying the occurrence and diffusion of farmer environmental participation behavior can help to better understand and promote farmers participation in environmental governance.

Keywords: Farmers' Participation; Environmental Governance; Toilet Reconstruction; Rural Elite

Is it "Adapting to Local Conditions" or "Face Project": The Technical Construction Process of Household Toilet Reconstruction in Hecun Village, G Province

Wang Shasha / 81

Abstract: The transformation of rural household toilets embodies the social attribute of the technological construction process. This paper holds that in the process of rural household sanitary toilets renovation, there are certain limitations of natural conditions in the toilet renovation technology currently promoted, and there are also differences between the government's toilet renovation goals and farmers' actual needs. Grass-roots governments, state and farmers have different expectations for toilet renovation. In this case, the grass-roots government has developed the application mode of "de-technicalization", which has led to the transformation of some local toilets into a "face project", but a real technological innovation or transformation. Only when we consider technology as a medium, and its important function is to meet people's wishes and needs, and to establish the relationship between people and the life world, can we better think about the development and application of technology. This paper emphasizes that people not only pay attention to the materiality of technology from the operational level, but also emphasize the subjectivity of using technology, the difference of social environment and its influence.

Keywords: Toilet Reconstruction; Toilet Reconstruction Technology; Social Construction

Living Environment and Domestic Waste Management

The Empirical Path and Policy Orientation of Rural Lifestyle Research: Reflection on The Construction of Living Environments

Du Peng / 96

Abstract: Under the influence of the forces of modernity, China's rural lifestyle is in the process of drastic changes, which has aroused the response and intervention of the state. This paper focuses on the opportunity of the construction of living environments, explores the basic structure of rural lifestyle, and then reveals the empirical path of rural lifestyle research. The study of rural lifestyle should be committed to exploring the natural heritage of rural life, respecting the production aspect of rural life, and exploring the life motivation of farmers, so as to grasp the logic of farmers' life. In this way, the research on rural lifestyle can fully demonstrate the imagination of sociology, and the construction of living environments can transcend the fragmented governance state and truly lead the reform of farmers' lifestyles.

Keywords: Rural Society; Lifestyle; Construction of Living Environments; Natural Deposits; Life Logic

Modernity Reflection or Traditional Culture Adherence: Examining Social Class Differences in Waste Sorting and Reduction Preferences among Urban Residents in China

Wu Lingqiong / 114

Abstract: This study explored social class differences in waste sorting and reduction preferences among urban residents in China from the perspective of social practice. Based on the CGSS 2013 database and using latent class analysis, four types of waste sorting and reduction preferences were identified. These include activists oriented to social/environmental welfare, heavy and light reducers with mixed values of traditional frugality and materialism, and bystanders without a specific value orientation. A modernity reflection hypothesis, which suggests that education influences waste sorting and reduction preferences through modernity reflection ability of agents, was proposed to complement the consumer needs hierarchy and post-materialist value theories. Results of multiple correspondence analysis showed that the members of the high-income and highly educated strata and managerial strata tended to cluster among activists; while the members of the lower-income and lower-educated strata tended to cluster among bystanders, heavy reducers, and light reducers, with unclear class differentiation trends among these three groups. The findings support the modernity reflection hypothesis but only partially support the needs/value hypotheses. The limited explanatory power of the needs/

values hypotheses may due to the fact that this theoretical perspective focuses solely on the "materialism-post-materialism" dimension of waste sorting and reduction practices, thereby neglecting its traditional dimension. The modernity reflection hypothesis, on the other hand, examines waste sorting and reduction practices within the "tradition—modernity" spatial coordinate system, thus providing an alternative analytical lens for exploring waste management practices that are rooted in traditional cultural values.

Keywords: Green Consumption; Traditional Frugality Culture; Social Practice; Multiple Correspondence Analysis

Practical Dilemmas and Causes of Rural Domestic Waste Management from the Perspective of Interactive Governance

Wu Liufen, Liao Mingxia / 148

Abstract: For a long time, rural environmental governance in China has mainly been a government-led, top-down model characterized by financial support and technology supply. This article presents the advancement process and unexpected consequences of governance actions through a specific field research case on rural waste management. The study found that this is an issue of "interactive governance failure". In the process of promoting governance from the top down, due to cognitive biases in governance images between upper and lower governments as well as between governments and villages, the mismatch of governance tools with local social development, and unreasonable allocation of governance powers and responsibilities, it is difficult for governance actions to be rooted in the daily lives of farmers and play a sustained role. Therefore, in addition to continuously improving the government-led governance system for rural environmental governance in the future, it is also necessary to promote effective interaction among different levels and roles of governance subjects in the governance process.

Keywords: Interactive Governance; Rural Waste Management; Governance Failure; Government-led

Plastic Recycling and Classified Disposal

Plastic Resource Recycling and Treatment Cycle System Construction: Comparative of Plastic Bottle Disposal in China and Japan

Zhao Di, He Yanmin, Wang Sitong, Ma Jian / 170

Abstract: Given the significant increase in the consumption of plastic bottles in recent years, it is particularly important to establish a cost-effective plastic bottle recycling system. In Japan, through the promotion of legislation and mandatory regulation of relevant manufacturing enterprises, the recycling rate of plastic bottles and the recycling utilization rate have been maintained at a high level in the world compared with Europe and the United States. Against this background, this paper takes the practice of plastic bottle recycling and disposal in China and Japan as a starting point. It discusses and compares the legal system of plastic bottle recycling in China and Japan, the recycling methods and responsibility sharing, and the current situation of actual recycling. The results show that from the latitude of legal policy, Japan has formed a more perfect and standardized plastic bottle recycling system, while China needs to further improve the recycling policy of discarded plastic bottles; from the latitude of recycling method, Japan's plastic bottle recycling method and related actors are more fixed, less flexible, while China's plastic bottle recycling can be fully mobilized to collect the source of civil society strength. In addition, in recent years, the "Internet +" recycling method has gradually emerged as an innovative recycling model. From the latitude of the analysis of

the actual recycling status of waste plastic bottles, although the recycling uti-
lization rate of discarded plastic bottles in Japan has been maintained at more
than 80% of the total sales volume since 2012, the front-end sorting and recy-
cling of discarded bottles mainly relies on the high cost of local governments,
the recycling of plastic bottles has become more flexible and less flexible.
However, as the front-end sorting and recycling of used plastic bottles mainly
relies on the high financial expenditure of local governments, the resource
treatment of used plastic bottles has placed a heavy financial burden on local
governments. On the other hand, although the recycling rate of discarded
plastic bottles in China has reached more than 95%, there is still a certain
degree of resource waste in the resource treatment process of discarded plastic
bottles due to reasons such as sloppy classification. Based on the above conclu-
sions, this paper proposes that only the government, enterprises, communi-
ties and other parties' linkage to form a sustainable plastic recycling and treat-
ment system, in order to truly promote the successful transformation of
China's plastic circular economy system.

Keywords: Plastic Bottle; Recycling and Disposal System; Circular
Economic System

"Turning Treasure into Waste": Analysis of Problems and Causes in the Practice of
Degradable Plastics Policy: Taking Degradable Plastic Bags Dipose in N City as
an Example

Chen Yujie, Cheng Songyan, Zhang Xinping / 196

Abstract: In the social context that degradable plastic products are
widely used to replace traditional plastic products, does its environmental pro-
tection effect meet policy expectations, and what is the realistic logic? Based
on the case of N city, this paper investigates the problems and causes of local

policy practice of degradable plastics. This paper takes the action logic of providing degradable plastic bags in supermarkets in N city as a starting point, tracks the use of residents, garbage delivery, removal and transportation, and the final disposal of garbage treatment plants, and describes the actual situation of degradable plastic products in the process of policy implementation in the life cycle of degradable plastic bags. The study found that it is difficult to classify and adapt waste degradable plastic products in the urban life scene of N city, and it is difficult to achieve the environmental protection goals expected by the policy. The reasons for this are: First, the local policy environment has changed, but the local government has not adjusted the policy content "according to the time and conditions". Another important reason is that the local garbage collection and disposal system has not yet been established to match the degradation of degradable plastics. Including degradable plastic technology, technological advancement should be based on its social applicability, if there is a lack of a suitable social foundation, its promotion and application may form the result of "turning treasure into waste".

Keywords: Degradable Plastics; Plastic Waste; Plastic Restriction Order; Environmental Governance

图书在版编目（CIP）数据

环境社会学 . 2024 年 . 第 2 期：总第 6 期／陈阿江主编 . --北京：社会科学文献出版社，2024.9. --ISBN 978-7-5228-4255-4

Ⅰ . X2-53

中国国家版本馆 CIP 数据核字第 2024FW2134 号

环境社会学 2024 年第 2 期（总第 6 期）

主　　编／陈阿江

出 版 人／冀祥德
责任编辑／胡庆英
责任印制／王京美

出　　版／社会科学文献出版社·群学分社（010）59367002
　　　　　地址：北京市北三环中路甲 29 号院华龙大厦　邮编：100029
　　　　　网址：www. ssap. com. cn
发　　行／社会科学文献出版社（010）59367028
印　　装／三河市龙林印务有限公司

规　　格／开本：787mm×1092mm　1/16
　　　　　印张：14.75　字数：213 千字
版　　次／2024 年 9 月第 1 版　2024 年 9 月第 1 次印刷
书　　号／ISBN 978-7-5228-4255-4
定　　价／89.00 元

读者服务电话：4008918866